AF625899

Christian Grätsch, Susanne Grätsch, Oliver Grätsch

UNTERNEHMENSKULTUR ALS ERFOLGSFAKTOR

Christian Grätsch, Susanne Grätsch, Oliver Grätsch

UNTERNEHMENSKULTUR ALS ERFOLGSFAKTOR

Wertebasierte Unternehmenstransformation
mit der ValueParty

Frankfurter
Allgemeine
Buch

Bibliografische Information der Deutschen Nationalbibliothek
Die Deutsche Nationalbibliothek verzeichnet diese Publikation in der Deutschen Nationalbibliografie; detaillierte bibliografische Daten sind im Internet über http://dnb.d-nb.de abrufbar.

Hinweis
Wir sind uns bewusst, dass die Haltung zum Thema Gendern durchaus vielfältig ist. In dieser Publikation haben wir zugunsten einer besseren Lesbarkeit hauptsächlich das generische Maskulinum verwendet, womit wir immer zugleich weibliche, männliche und diverse Personen meinen.

Frankfurter Allgemeine Buch

© Fazit Communication GmbH
Frankfurter Allgemeine Buch
Pariser Straße 1
60486 Frankfurt am Main

Umschlag: Nina Hegemann
Titelbild: Torsten Royère (ISF München) mithilfe der Bild-KI DALL.E (www.openai.com)
Satz: Jan Walter Hofmann
Druck: Beltz Graphische Betriebe, Bad Langensalza
Printed in Germany

1. Auflage
Frankfurt am Main 2024
ISBN 978-3-96251-181-4

Alle Rechte, auch die des auszugsweisen Nachdrucks, vorbehalten.

Frankfurter Allgemeine Buch hat sich zu einer nachhaltigen Buchproduktion verpflichtet und erwirbt gemeinsam mit den Lieferanten Emissionsminderungszertifikate zur Kompensation des CO_2-Ausstoßes.

INHALT

VORWORT

Es herrschte das typische herbstliche Schmuddelwetter in Berlin, als ich die „Grätschens" kennenlernte. Sie waren damals im Herbst 2011 die letzte Hürde, die mich nach über 20 Jahren als Journalist vom zweiten Berufsleben als Leiter Fondsmanagement bei dem Berliner Immobilien-Shootingstar BEOS trennte. Die beiden Gründer der Firma, Stephan Bone-Winkel und Ingo Holz, wollten tatsächlich einem Zeitungsredakteur operative Verantwortung in die Hände geben. Doch ob ich tatsächlich zu ihrer Firma passen könnte, da wollten sie lieber noch eine fundierte Zweitmeinung einholen.

Sie beauftragten deshalb Susanne und Oliver Grätsch, meine Teamfähigkeit und Leitungskompetenz auf Herz und Nieren zu prüfen. Das berliner team begleitete BEOS zum damaligen Zeitpunkt schon seit zwei Jahren beim Wandel von einem kleinen Immobilien-Projektentwickler zu einer institutionellen Immobilien-Investmentgesellschaft. Es hatte sich in dieser Zeit ein gefestigtes Vertrauen in die Berater aufgebaut – wie es dem berliner team bei allen Kunden gelungen ist, mit denen ich später in Kontakt kam.

Für mich war diese erste Begegnung mit Susanne und Olli ein unvergessliches Erlebnis. Die beiden versuchten sich am Modell „Guter Bulle, böser Bulle", um mich ein bisschen herauszulocken – wobei offenbar Susanne die Gute und Olli der Böse sein sollte. Doch irgendwie funktionierte das nicht, zumindest aus meiner Warte. Die provokante Fragetechnik von Olli wirkte nicht authentisch. Es passte nicht zu seiner freundlichen Persönlichkeit, zu seiner offenen Ausstrahlung.

Ich empfand beide ohne Einschränkung als angenehme Zeitgenossen. Und irgendwann gab Olli seine Rolle dann auf. Ich habe leider nie erfahren, was die beiden danach an Stephan und Ingo berichteten. Jedenfalls gaben Susanne und Olli „grünes Licht" – und mein beruflicher Neubeginn im operativen Immobiliengeschäft, mein Seitenwechsel vom „Besserwissen" zum „Bessermachen" waren perfekt. Die großartigen Erlebnisse und intensiven Erfahrungen, die ich in den Folgejahren bei der BEOS, bei Helaba Invest und heute bei INBRIGHT sammeln durfte, wären ohne ihre Fürsprache nicht möglich gewesen. Dafür bin ich ihnen dankbar.

Dankbarkeit ist aber nicht die einzige Motivation, ein paar freundliche Worte am Beginn dieses Buches zu schreiben. Es ist auch Überzeugung. Überzeugung, dass das berliner team eine exzellente Arbeit macht. Ich kann dies so unmissverständlich sagen, weil ich diese Arbeit von 2012 an aus nächster Nähe erleben durfte. Die BEOS verzeichnete mit ihrer Spezialisierung auf gemischt genutzte gewerbliche Immobilien wie Gewerbeparks und Ähnliches eine rasante Erfolgsstory. Das verwaltete Immobilienvermögen schoss von einer halben Milliarde Euro auf über vier Milliarden Euro, die Mitarbeiterzahl von 48 zum Zeitpunkt meines Einstiegs auf über 200. Dass dieses Wachstum nicht aus dem Ruder lief, daran hat das berliner team als treuer Begleiter und spezialisierter Berater in Sachen Changemanagement und agile Transformation einen riesengroßen Anteil. „Unternehmenskultur" war für mich im Wesentlichen ein Schlagwort. Die Zusammenarbeit mit dem berliner team hat diesen Begriff für mich und viele im Unternehmen mit Substanz und Relevanz gefüllt. Ein großes Dankeschön dafür.

Ich denke, dieses erfolgreiche Vorgehen hat vor allem damit zu tun, dass die „Grätschens" – zu denen noch Christian als Dritter im Bunde gehört, der sich über die Jahre als „Diagnostik-Guru" einen Namen gemacht hat – nicht über Strukturen zu den handelnden Personen, sondern über die handelnden Personen zu Strukturen kommen. Der Mensch steht im Mittelpunkt. Was häufig nur als Floskel verwendet wird, ist hier tatsächlich ernst gemeint. Hinter dem Beratungsansatz des berliner teams steht ein umfassendes Modell, das sich hinter der mit viel Marketinggespür formulierten Überschrift „ValueParty" verbirgt. Auf den folgenden Seiten wird es erstmals ganzheitlich vorgestellt – mit vielen Beispielen aus der Praxis und mit Mut zur eigenen Meinung.

Zielpublikum des Unternehmens und dieses Buches sind gestaltungsbereite Menschen in Unternehmen. Und ich bin mir sicher, dass sich das berliner team durchaus darüber freut, wenn jemand ihre Positionen hinterfragt und mit ihnen in die Diskussion gehen möchte. Nur Mittelmaß hütet sein Wissen wie einen Schatz. Spitzenkräfte teilen ihr Wissen – wie es in diesem Buch geschieht. Weil sie wissen, dass von klugen Leuten, die sich damit auseinandersetzen, weiterer Erkenntnisgewinn zu erwarten ist.

Ich gratuliere Ihnen, liebe Leserin und lieber Leser, dass Sie den Weg zu diesem ersten Buch der „Grätschens" gefunden haben. Dann kann die „ValueParty" beginnen.

Steffen Uttich, Berlin, 15. November 2023

0. START

Motto

There are three kinds of people in this world:
People who make things happen,
People who watch what happens, and
People who wonder what happened.
(Thomas Charles Lasorda)

Über das Autorenteam

Susanne Grätsch

Susanne ist für uns die Antreiberin, die für Klienten und im Beraterteam für Dynamik und Stringenz sorgt. „Wofür kann uns das nutzen?“ ist die Leitfrage, die sie beantwortet haben muss, um durchzustarten. Wenn diese beantwortet ist, ist sie nicht zu bremsen. Als Diplom-Kauffrau begann sie, ist aber durch vielfältige Ausbildungen in NLP, „Systemischer Organisationsentwicklung“ und in unterschiedlichen Coaching-Methoden inzwischen zu einer Autorität geworden, die die Achse Mensch – Organisation – Kultur und wirtschaftliche Ergebnisse kraftvoll verbindet. Als Beraterin kann sie als unsere Einstein verstanden werden: „Dinge müssen so einfach sein wie möglich – aber nicht einfacher.“

Oliver Grätsch

Wenn Oliver in einem Managementteam Teil der Runde ist, kommen die Dinge in Bewegung. Plötzlich versucht sich jeder besonders gut im Sinne des Veränderungsprozesses zu verhalten. Die Augen wandern immer wieder in seine Richtung, als ob sich vergewissert werden wollte, wie gut man unterwegs ist. Und dabei ist es nicht so, dass Oliver urteilt: Er ist brillant darin, Fragen zu stellen, die die Luft aus jeder Plattitüde lassen und uns zum Kern führen: „Was ist wirklich bedeutsam, worum geht es?“ Wer sich darauf einlässt, macht große Schritte. Mit viel Humor und einer großen Liebe für das Miteinander und das Vorankommen ist Oliver Garant für Stabilität bei voller Dynamik.

Christian Grätsch

„Ich bin Diplom-Psychologe, abgesehen davon aber gesund." Dieser Satz ist häufig Teil von Christians persönlicher Vorstellung. Und das ist auch gut so. Denn dieser Satz beschreibt mit einem Zwinkern gut Christians Fähigkeit zur Balance zwischen schier unermesslich fachlicher Tiefe und humorvoller Betrachtung, die für uns als seine Partner immer wieder faszinierend und befruchtend ist. Wenn es gilt, Talente in Unternehmen zu entdecken und angemessen zu platzieren, dann verliert er sich nicht in intellektuellen Analysen, sondern findet immer die angemessene Methodik, um Menschen passgenau zu unterstützen und damit Mehrwert für Unternehmen zu liefern. Er will verstehen, und das gemeinsam mit denen, die es betrifft.

Die drei

Als Team, als bt – berliner team GbR verstehen wir uns mit unseren Partnern, Kolleginnen und Klienten und für diese mittlerweile als dialektische Kompassbauer:

These-Antithese-Synthese mit rollierenden Positionen, um miteinander einen Kompass auf eine miteinander erarbeitete neue Landkarte zu stellen.

Zur Schreibweise

Wir verwenden hier im Wesentlichen das generische Maskulinum. An ausgewählten Stellen erfreuen wir uns aber an absichtsvollem „Genderjazz" – einen Begriff, den wir hiermit selbst setzen wollen: absichtsvolle Verwendung von Pronomen entgegen üblichen Erwartungen: Es könnte also passieren, dass uns im Verlauf des Buches mehr Putzmänner und Ingenieurinnen begegnen, als es im Alltag der Fall ist … Und manchmal heißt halt auch der Bäcker „Frauke". Wer mit Werten arbeitet, arbeitet immer auch mit Irritationen.

Wir bitten freundlich darum, uns dies nachzusehen. Auch wenn wir das der leichteren „Lesbarkeit" halber tun, darf darauf vertraut werden, dass die Themen der „LGBTQI+-Gemeinde" uns eine Herzensangelegenheit sind. An anderer Stelle sind wir aktiv und setzen uns gegen jede Form der Diskriminierung ein. Bitte verzeiht uns, dass wir nicht die Erwartungen aller Menschen erfüllen, und fühlt Euch angesprochen, wo es sinnvoll erscheint.

Für wen ist dieses Buch?

Nicht nur Unternehmer oder Menschen, die Unternehmen gestalten, finden hier eine Schritt-für-Schritt-Anleitung für eine Transformation auf Basis von Werten. Auch die Teamleiterin oder der Personalreferent, die Bereichsleiterin, die das Miteinander in ihrem Bereich gestalten möchte, und das Vereinsmitglied, das sich über die Kultur im Verein Gedanken macht, finden Anregungen für das Miteinander in ihren Organisationseinheiten.

Zum Inhalt

„Wertebasierte Transformation mit dem Graves-Value-System (GVS)", beim Schreiben des Buches haben wir uns immer wieder hinterfragt. Geht's nicht ein bisschen kleiner? Wir denken, der Titel beschreibt das, was wir auf Basis langjähriger Erfahrung Menschen näherbringen wollen. Halten wir uns aufgrund dieser Erfahrung für „Experten", was das Graves-Value-System angeht? Nein, das tun wir nicht. Es gibt Tiefen und Anwendungsmöglichkeiten des Modells, die wir nicht kennen, geschweige denn in der täglichen Arbeit anwenden. So beschäftigen wir uns in diesem Buch beispielsweise nicht oder nur indirekt mit dem wichtigen Einfluss von Ken Wilber auf das GVS. Das hindert uns aber nicht daran, sinnstiftend mit diesem Modell zu arbeiten. Sollten Expertinnen dieses Buch lesen und feststellen, dass wir für sie wesentliche Aspekte hier nicht behandeln, also vernachlässigen, sind wir uns dessen bewusst und freuen uns auf einen kollegialen Austausch.

Auch streifen wir Inhalte wie „transaktionale" und „transformationale Führung", ohne den Anspruch zu verfolgen, hier in die fachliche Tiefe zu gehen. Dafür bitten wir um Verständnis.

Modelle wie das GVS haben aus unserer Sicht einen großen Nutzen: Sie sorgen für die hilfreiche Illusion, Komplexität ließe sich reduzieren. Berater nutzen gerne „ihre Modelle", die Quadranten (Schulz von Thun), Koordinatensysteme (Boston-Matrix), Typen (MBTI) und Dynamiken (Change-Kurve oder „Trauerdynamik") als Werkzeug für eine überzeugende Darstellung. Aus einer „Modellperspektive" heraus lässt sich eben alles stimmig „erklären". Wir beim berliner team nennen das den „Modell-Tunnelblick". Auch wir sind dagegen nicht gefeit. Im täglichen und praktischen Miteinander erleben wir jedoch: Im sogenannten Einzelfall hilft ein Modell, um mit einer gemeinsamen Perspektive zu starten. Gleichzeitig sollte gesunder Menschenverstand gepaart mit der Frage „Was ist in diesem Augenblick dran?" aus unserer Sicht jedoch immer vor

„Modellhörigkeit" kommen. Die Elemente und das System von Graves sowie die Vorarbeiten von Beck/Cowan nehmen wir dankbar als Anstoß, um gemeinsam mit und in Organisationen neue Perspektiven zu entwickeln, anstatt Wahrheiten zu verkünden.

Geschenk an Dich

In diesem Buch stellen wir Dir unser Modell der wertebasierten Organisationstransformation vor. Ganz praktisch basiert das Ganze darauf, dass wir ein Werkzeug entwickelt haben, mit dem wir abbilden können, welche Werte für Einzelne und in der Organisation bedeutsam sind.

Oft schreiben wir dann vom „ValueParty-Werteprofil". Damit dies für Dich nicht bloße Theorie bleibt, schenken wir Dir und allen Lesern dieses Buches einen einmaligen kostenlosen Zugang zu einem Einzelprofil der ValueParty-App. Damit kannst Du erforschen, wie Dein eigener Blick auf die Organisation aussieht, in der Du arbeitest. (Natürlich bleibt dieses absolut anonym und vertraulich.)

Unter www.get.valueparty.de kannst Du Dir Deinen Zugang zu Deinem Einzelprofil herunterladen. Es werden dafür einige Fragen gestellt, die Du mithilfe des Buches beantworten kannst. Viel Spaß damit.

Noch ein kleiner Hinweis: In diesem Buch sprechen wir häufig von Gruppen- oder Unternehmens-Werteprofilen. Stell Dir einfach vor, dass jede und jeder im Team oder sogar alle Kollegen im Unternehmen für sich ein solches Einzelprofil erstellen und diese kumuliert übereinandergelegt werden. So entsteht das Gruppenprofil.

Prolog

Wir lieben die Praxis – also, wie es tatsächlich tagtäglich in Unternehmen zugeht. Und wir lieben es auch, tiefer hinter die Geschichten zu blicken, die uns der Alltag in Unternehmen anbietet. Erst Theorie in Verbindung mit praktischen Beispielen gibt uns den Mut, selbst ins Handeln zu kommen. In diesem

Buch möchten wir Dir nicht nur nüchterne Theorie an die Hand geben. Das wäre für manche langweilig und sorgt für trockene Augen. Vielmehr nehmen wir Dich mit auf eine Reise in eine lebendige Praxisgeschichte der Lenter Maschinenwerke. Sie zieht sich durch das gesamte Buch. Wir gehen immer wieder theoretisch auf sämtliche Bausteine ein und gleichzeitig kannst Du erleben, wie es in unserem Beispielunternehmen umgesetzt wird. Du erfährst, was funktioniert und was nicht. Vermutlich wirst Du Dich und Dein Unternehmen an vielen Stellen wiedererkennen und kreierst handfeste Ansätze und Ideen für den eigenen Transformationsprozess.

Es war ein sonniger Montagmorgen, als Lennard und Lina Lenter, die jungen Inhaber der Lenter Maschinenwerke GmbH & Co. KG in Görlitz, das Büro betraten. Nach dem plötzlichen Tod ihres Vaters hatten die beiden Geschwister die Geschicke und damit die Zukunft des Unternehmens in ihren Händen.

Es war ein Schock gewesen, als der Vater nach einem Schlaganfall nicht mehr aufgewacht war. Mit Anfang 70 war Herrmann Lenter nicht mehr der Jüngste gewesen, doch er war sportlich und fit und hatte nicht ans Aufhören gedacht. Niemand hatte sich jemals ernsthaft darüber Gedanken gemacht, dass er einmal nicht mehr unter ihnen sein könnte.

Herrmann Lenter hatte das Unternehmen 1996 wieder in das Familieneigentum gebracht und damit letztlich das Erbe seines Großvaters übernommen, der in den 1920er-Jahren am Standort Görlitz die Tradition der Lenter Maschinenwerke begründet hatte. Herrmann Lenter zeigte sich als organisatorischer Perfektionist und Unternehmer, der mit seiner Ingenieursarbeit die Dreh- und Frästechnologie und das Thema „Automatisierungstechnik" in Deutschland maßgeblich prägte. Mit seinem Genius und seiner peniblen Qualitätsorientierung hatte er eine Marke geschaffen, die für Tradition stand: „LM – Dynamik & Stabilität mit Wert" war ein Firmenslogan, der in der Region und in der Branche immer noch für Qualität stand.

Lina und Lennard hatten sich einige Wochen lang Gedanken gemacht, ob sie das Unternehmen wirklich übernehmen wollten. Natürlich war das immer der Plan gewesen, aber waren sie jetzt schon so weit? Konnten sie das verantworten? Sie hatten sich die Zahlen angeschaut und mit Kollegen gesprochen. Was ihnen vorher nicht klar war: Das Unternehmen hatte einige Probleme. Kunden waren in letzter Zeit weggeblieben mit der

Begründung, das Unternehmen sei zu langsam. Wettbewerber hatten innovativere Produkte auf den Markt gebracht. Der Personalmangel hatte die Firma schwer getroffen. Nach vielen Gesprächen mit Mitarbeitenden, Freunden und Menschen aus der Branche hatten die Geschwister dennoch den Entschluss gefasst: Sie werden die Herausforderung annehmen und waren entschlossen, gemeinsam das Unternehmen in eine erfolgreiche Zukunft zu führen. Doch sie wussten, dass sie das nicht allein tun konnten. Sie brauchten die Unterstützung und das Engagement ihrer Mitarbeiter und Führungskräfte.

An diesem besonderen Morgen hatten Lina und Lennard ein Erlebnis, das sie sehr bewegte. Die Geschwister waren auf dem Weg zur Arbeit, als sie einen Mann am Straßenrand stehen sahen. Dieser hatte offensichtlich eine Autopanne und versuchte verzweifelt, es wieder zum Laufen zu bringen. Ohne zu zögern, hielten die beiden an, um zu helfen. Sie erkannten in dem älteren Herrn einen ihrer Mitarbeiter, Karl Benzer, der seit vielen Jahren im Unternehmen arbeitete und zum Urgestein des Unternehmens gehörte. Viele Jahre war er Leiter der Disposition in der Görlitzer Zentrale der Lenterwerke gewesen. Während sie gemeinsam versuchten, das Fahrzeug wieder zu starten, sprachen sie über das Unternehmen und dessen Zukunft. Karl redete mit so viel Leidenschaft und Engagement über das Unternehmen, dass Lennard und Lina tief berührt waren.

Lennard erkannte, dass es Menschen wie Karl waren, die das Unternehmen zu dem machten, was es war. Es waren ihre Werte, ihre Hingabe und ihr Engagement, die das Unternehmen prägten. Nach einer Reorganisation vor fünf Jahren war Karl aus der ersten Reihe der Führungskräfte zurückgetreten und nun seit einiger Zeit damit beschäftigt, den neuen Kollegen und Kolleginnen aus Bamberg die Qualitätsansprüche der Görlitzer Mannschaft zu vermitteln. Die kleine Technikschmiede Bamberger Eisen GmbH war 2015 von den Görlitzern übernommen worden – nach schweren Jahren waren die nur noch 150 Mitarbeitenden zum Stamm der 350 Kollegen und Kolleginnen der Lenter Maschinenwerke hinzugestoßen.

Karl bedauerte den Tod von Herrmann Lenter aufrichtig und nannte seine eigene Panne nur ein kleines Missgeschick, das nach so vielen Jahren schon mal passieren könne. „30 Jahre fahre ich dieses Auto – ohne jedes Problem! Und die Bleche dafür wurden mit unseren Fräsmaschinen aus Görlitz gefertigt. Wenn nach so langer Zeit der Motor seinen Geist aufgibt, dann ist es auch ein Zeichen, etwas Neues anzufangen. Unsere Qualität wird sich noch lange auszahlen", sagte Karl. Er fügte hinzu: „Dieses Fahrzeug ist nicht mehr zu gebrauchen. Für die Lenter Maschinenwerke aber würde ich den Weg sogar zu Fuß auf mich nehmen. Die Qualität, die wir mit unseren Maschinen herstellen, hält ein Leben lang."

Dieses Erlebnis machte Lennard und Lina nachdenklich. Was waren die Werte, die ihre Mitarbeiter und Führungskräfte bewegten? Welche Werte wurden im Unternehmen tatsächlich gelebt und erfahren? Und noch wichtiger, welche Werte brauchten sie, um in Zukunft im Markt und Miteinander bestehen zu können? Wie sollten Lina und Lennard die Lücke ausfüllen, die der Verlust ihres Vaters bei allen hinterlassen hatte? Sie wussten, dass sie gemeinsame Lösungen finden mussten, die nicht aus dem Genius einer einzigen Person gespeist werden konnten.

Offensichtlich standen sie vor einer großen Herausforderung. Das Unternehmen hatte eine lange Geschichte und eine starke Kultur, die auf bestimmten Werten basierte. Aber die Welt veränderte sich schnell, und sie mussten sicherstellen, dass die Firma in der Lage war, sich anzupassen und zu wachsen. Sie mussten einen Weg finden, die traditionellen Werte zu bewahren, die das Unternehmen stark gemacht hatten, während sie gleichzeitig neue, dynamische Werte wachsen lassen wollten, die das Unternehmen in die Zukunft führen würden. Das war eine große Aufgabe. Mit Karl an ihrer Seite machten sie sich auf den Weg.

Hier ist der erste Teil der Geschichte zu Ende. Wenn Ihr nun etwas Theorie dazu genießen mögt, lest hier weiter. Wer direkt weiter nur die Geschichte lesen mag, kann direkt zur Fortsetzung nach den nächsten Absätzen springen.

Einleitung: Ist die ValueParty der neue Hype?

In den letzten 20 Jahren durften wir einige rosa Tiere beobachten, die durch Organisationen getrieben wurden. Egal ob Mittelstand oder international agierende Konzerne: Es begann für uns als berliner team in den 1990er-Jahren mit Total Quality Management, KAIZEN, KATA, der Balanced Score Card und Effizienz-Programmen. Task Forces, Lean, Six Sigma, Black Belt, Teamkonzepte und Wertemanagement folgten nahtlos und in den letzten Jahren sind alle nur erdenklichen ONE-Initiativen – ONE Company, ONE IT – in Verbindung mit sogenannten TOMs – Target Operating Models – und Nachhaltigkeits-Initiativen immer wieder gerne genutzt worden. Die „lernende Organisation" stand natürlich bei allen diesen Themen Pate. Viele dieser Ansätze werden, vernünftigerweise, heute noch angewandt. Sind wir, sind Unternehmen heute schon „agil", „divers" und „nachhaltig" genug, um mindestens den Weltuntergang zu verhindern? Darunter machen wir es nicht.

Die fast endlose Reihe von Management-Methoden und Buzzwords erscheint für die „alten Hasen" im Unternehmen zum Teil nur noch skurril: Ob die „nächste Sau", die durchs Dorf getrieben wird, „lean" oder „agil" auf dem Halsband stehen hat, spielt für unseren Alltag keine Rolle. Und die sogenannte Next Generation hat für diese Labels ohnehin nicht mal ein Lächeln übrig, sondern senkt den Blick aufs Smartphone.

Mit unserem Buch möchten wir eine Einladung aussprechen, modische Pfade zu verlassen und zur eigentlichen Frage zu kommen: Welches Problem wollen wir lösen, und worum geht es im Kern, wenn Menschen in Organisationen gestalten wollen?

Im zweiten Teil des Buches legen wir dar, wie wir beim berliner team Transformationen begleiten. Zweck ist es, unseren „Werkzeugkoffer" zu öffnen, damit Menschen sich daraus bedienen können. Unabhängig davon, welche Transformation Du begleitest oder initiieren möchtest: Nutze, was Dir hilfreich erscheint, pack beiseite, was vielleicht später nützt.

Zunächst jedoch möchten wir Grundlagen und unser Verständnis verschiedener Begrifflichkeiten klären. Aus unserer Sicht wird zu häufig mit bedeutungsschweren Begriffen gearbeitet, ohne zunächst ein gemeinsames Verständnis zu schaffen. Die Folgen sind oft Diskussionen, die von gegenseitigem Unverständnis gekennzeichnet sind und wenig Mehrwert versprechen. Wovon reden wir beim berliner team, wenn wir mit dem Begriff „Werte" arbeiten? Was verstehen wir unter dem Kulturbegriff? Ist Transformationsbegleitung das Gleiche wie Changemanagement? Und wie halten wir es mit Begriffen wie Ethik und Moral? Wir nehmen für uns sicherlich nicht in Anspruch, die absolute „Deutungshoheit" zu besitzen. Um aus unserer Sicht allerdings transparent und mit inhaltlicher Substanz zu arbeiten, ist es uns ein Bedürfnis, Klarheit zu schaffen. Wem allein schon bei den oben genannten Fragen die Augenlider schwer werden, kann gerne gleich zum „praktischen" Teil übergehen.

Was genau möchten Menschen gestalten und von welchen Organisationen sprechen wir? Ganz unabhängig davon, ob Du als Führungskraft dieses Buch liest, Mitarbeitender in einem Unternehmen bist, Deine Familie, Deinen Verein oder Deine Partei mit anderen gemeinsam gestalten möchtest, Fragen, die Dich immer wieder beschäftigen werden, sind:

Was gibt uns Halt? Was gibt uns Orientierung? Wie sorgen wir für Bindung und Gemeinschaft? Und wie können wir das in der sich immer schneller drehenden Welt so gestalten, dass wir Schritt halten und die beteiligten Menschen mitnehmen? Ohne hilfreiche Antworten auf diese Fragen werden wir in dieser Welt den Anschluss verlieren, werden die Notwendigkeit zur Veränderung zähneknirschend akzeptieren, aber schlicht zu langsam sein, um erfolgreich zu bestehen. Unsere Produkte, unsere Konzepte und Dienstleistungen werden dem Wandel, den wir alle erleben, nicht gerecht werden. Es werden dann auch nicht die Menschen da sein, die innovative Technologien nutzen, organisationsübergreifende Netzwerke bilden und sich mit ihren veränderten Bedürfnissen den langfristigen Anforderungen stellen, die unsere Gesellschaft lange Zeit vernachlässigt hat.

Ein Pfad, der aus unserer Sicht schon sehr lange modern ist, lautet: „Wir haben keine Probleme, wir kennen nur Herausforderungen." Wir möchten gleich zu Beginn diesem Mythos abschwören. Was in den 1990er-Jahren in vielen Unternehmen als Haltungsmaxime ausgerufen wurde, dürfen wir beim Lesen dieses Buches gerne als nicht hilfreich in einer Transformation verstehen. Ein gemeinsames und grundlegendes Verständnis des Problems, das eine Gruppe von Menschen gemeinsam lösen möchte, halten wir sogar für eine der entscheidenden Voraussetzungen, um Transformationen erfolgreich zu gestalten. Die Frage nach dem „Problem Statement" steht bei uns am Beginn jeder Beratung. Deutlicher formuliert: Wenn wir Zeit, Geld und Ressourcen investieren, sollten wir die Frage beantworten können, welches Problem wir damit/dadurch lösen wollen.

Selbstverständlich dürfen wir nicht im Zustand der Problembeschreibung verharren. Nicht nur für unser emotionales Gleichgewicht ist es notwendig, vom „Problemraum" in den „Lösungsraum" zu gelangen. Wer mit „Design Thinking" arbeitet, dem sind diese Begrifflichkeiten bereits begegnet. Auf der sprachlichen Ebene empfehlen wir hier, präzise zu sein.

Die Notwendigkeit zu handeln, leitet sich aus dem „Problem Statement" und der damit verbundenen Relevanz ab. Es beantwortet die Frage nach dem „Warum müssen wir handeln?". Im Problemzustand zu verharren, ist ja definitiv eine Option, allerdings keine zielführende. Diesen Zustand zu verlassen, gelingt uns allerdings nicht dadurch, dass wir Probleme zu „Herausforderungen" adeln. Wenn ein Unternehmen nicht genügend Fachkräfte einstellen kann, ist das ein Problem und (noch) keine Herausforderung.

In den „Lösungsraum" und die damit verbundene vorwärts gerichtete Haltung zu kommen, gelingt uns leichter, wenn wir in der Lage sind, nun eine Frage zu stellen, statt das Problem in schillernden Farben zu beschreiben. Eine Herausforderung als Frage zu formulieren, fordert uns auf, nach Antworten zu suchen und nicht im „Problemraum" zu verharren. Wir alle kennen Menschen, die den „Problemraum" als ihr Zuhause bezeichnen würden. Fortschritt wird dort allerdings nicht erzielt. Wenn das Problem für uns relevant und die Frage klug gestellt ist, entsteht Lust, gute Antworten zu finden. Aus dem „Problemraum" gestellte Fragen beginnen in der Regel mit einem „Warum?". Die folgenden Diskussionen drehen sich dann häufig um Ursachen und erneute Problemanalysen. Im Lösungsraum werden Fragen gestellt, die mit einem „Wie können wir …?" beginnen. Diese Art von Fragen induziert mit großer Leichtigkeit eine Diskussion, die sich auf mögliche Lösungen fokussiert.

Es sei, mit einem Zwinkern, daran erinnert: Niemand muss dieses Buch sequenziell, also von vorn nach hinten, lesen. Für alle anderen gilt: „Run, Forrest, run!"

Hierbei sind aus unserer Sicht drei Überzeugungen hilfreich:

- Klarheit über das „Wozu?": Ohne eine schlüssige Antwort auf die Frage nach dem „Wozu tun wir das?" entstehen wenig zielgerichtete Handlungsimpulse in Gruppen.
- Neugier: Neues Terrain zu erkunden und mich auszuprobieren, ergibt langfristig Sinn, wenn ich das mit Mut, Umsicht und Bedacht tue.
- Eine innere Haltung, die auf Eigenverantwortung baut: Ich kann und möchte Dinge, gemeinsam mit anderen, zum Besseren verändern. Weil das so ist, mache ich es zu meiner Aufgabe.

Was es also braucht: Statt unvermeidlichen Wandel und damit zusammenhängende Paradigmenwechsel geschehen zu lassen, um dann lauthals nach „Changemanagement" zu rufen, sollten wir uns dem Begriff der Transformation aus einer anderen Perspektive nähern, ihn als emergenten Prozess begreifen, der sich nicht aus der Führungsetage steuern lässt.

Lennard, letztes Jahr 30 geworden, kannte viele der Akteure im Unternehmen seit langer Zeit. Nach der Schule hatte er ein Traineeprogramm im Unternehmen in Görlitz durchlaufen; den Großteil der Kolleginnen und Kollegen vor Ort kannte er aus zahlreichen Einsätzen. Einige waren seine Schulkameraden gewesen, bei anderen hatte er schon als Kind auf dem Schoß gesessen, wenn Papa wieder einmal bis spät in den Abend im Büro bleiben musste. Der frühe Tod der Mutter hatte die Firma für Lennard und Lina zu einer Art Ersatzfamilie werden lassen. Durch die große Nähe und starke Verbundenheit mit den Menschen und der Geschichte des Unternehmens fiel es ihm nicht leicht, unvoreingenommen auf das Ganze zu blicken. Genau genommen war er so sehr mit den Menschen und täglichen Abläufen verbunden, dass er nicht die geringste Idee hatte, wie er anstehende Veränderungen angehen sollte. Alles schien mit allem auf eine sinnvoll eingespielte Art miteinander verbunden. Siedend heiß fiel ihm ein, dass die Kollegen am Standort Bamberg, der Innovationsschmiede des Unternehmens, noch keine näheren Informationen erhalten hatten, was nun – nach dem Tod des Firmeninhabers – für die Zukunft zu erwarten sei. Gleichzeitig wusste er von akutem Personalmangel in der Fertigung und davon, dass chinesische Anbieter gerade ihr Marktumfeld mit günstigen Konkurrenzangeboten fluteten. Glücklicherweise kam Lina heute ins Büro und brachte nicht nur frischen Wind, sondern auch viele gute Ansätze und Erfahrung mit Veränderungsprojekten aus dem Studium und dem Start-up mit, in dem sie die letzten fünf Jahre die Bereiche Marketing und „People Excellence" maßgeblich aufgebaut und gestaltet hatte. „Lass uns gute Fragen finden, die uns in Bewegung bringen, anstatt uns im Wald der vielen Probleme zu verlaufen. Es passiert gerade so viel gleichzeitig, es ist so überwältigend, was wir anzugehen haben ... Ich denke, wir brauchen zuerst einmal ein paar Werkzeuge, die uns helfen, Orientierung zu gewinnen, um zu wissen, wo wir stehen und vor allem, zu welchem Zweck wir hier was im Unternehmen voranbringen wollen. Wollen wir so gemeinsam da rangehen?" Lennard nickte, ohne eine Vorstellung zu haben, wie er das begreifen und durchdringen konnte, was sich für ihn momentan nur als ein überwältigendes Chaos anfühlte.

1. ZEITEN DES SCHNELLEN WANDELS

Veränderungen der Märkte, globale Krisen, Inflationsrisiken, rasante Digitalisierung, Klimakrise und Verschiebungen der geopolitischen Gewichte erzeugen enormen Druck auf die verantwortlichen Gestalter großer Institutionen, Organisationen und Unternehmen. „Stillstand ist gleichbedeutend mit Sterben" scheint die Spielregel zu sein, nach der die Wirtschaft und insbesondere die Medien-Ökonomie funktionieren. Orientierungsloses Den-Trends-Nachlaufen ist nicht nur geistlos, sondern letztlich brandgefährlich: Für die Einzelnen, für Gesellschaften wie auch für Unternehmen droht hier Gefahr, sich selbst und schließlich alles zu verlieren. Seelenlos, hohl und ohne jedes Identifikationspotenzial für Kunden, Nutzer und Klienten erscheinen Organisationen, denen eine klare Ausrichtung fehlt, in der sich das Innenleben und die äußere Gestalt nicht (mehr) stimmig zeigen. Parteien, die ehemals bedeutsame Bekenntnisse nur leblos vor sich hertragen, Kirchen und religiöse Gemeinschaften, deren Mitglieder sich unverbunden mit Ritualen oder Grundsätzen fühlen, und Unternehmen, deren Bekenntnis zu „Modernität" sich unverändert identisch ausdrückt in altbackener Produktgestaltung, sind nicht von dieser Welt. Sie vergehen. Nun, es gibt natürlich die Möglichkeit, eine hippe Agentur zu buchen und den alten Wein in Öko-Weinfässern dem Markt zu kredenzen. Der Markt für Greenwashing, Hipwashing und Wokewashing boomt. Doch mal ehrlich … RIECHEN wir nicht ALLE diesen Braten?

In einer Welt, die in ihren Wechselwirkungen kaum zu verstehen, nur noch zu beschreiben ist, scheinen diese einfachen Lösungen häufig das adäquate Mittel der Wahl zu sein. Doch die Situation, in der wir uns befinden, hat sich in den letzten 25 Jahren so rasant verändert, wie es in den vorherigen Dekaden undenkbar schien. Für die allgemeine Unübersichtlichkeit, von der wir uns oft überfordert fühlen, gibt es eine Begrifflichkeit, die über bloße „Komplexität" hinausgeht:

„La Vida VUCA" – die Welt als Achterbahn

Um die Besonderheiten unserer heutigen Situation zu beschreiben, gibt es ein Akronym, das Wandel, Geschwindigkeit, exponentielles Wachstum und zunehmende Komplexität gut zusammenfasst: Die Welt scheint heute VUCA zu sein. Doch wofür steht dieses Akronym?

V steht für Volatilität (Volatility) und beschreibt das Phänomen, dass viele Dinge, die früher als unverrückbar, stabil und dauerhaft galten, heute verschwinden oder plötzlich verschwunden sind. Technischer Fortschritt, Globalisierung, Digitalisierung und Algorithmierung führen zum Verlust der Sicherheit in Maßstäben und Dimensionen. Weltmarken wie Kodak oder Nokia verschwinden, Schweizer Banken werden innerhalb von Tagen entwertet und unter dem Dach einer anderen Bank begraben, und lieb gewonnene Sprachgewohnheiten werden abgelehnt. Neue Formen des Kommunizierens und Datenaustauschs finden heute in sogenannten sozialen Netzwerken statt, wo Regeln des Miteinanders beliebig erscheinen. Einzelne Unternehmen, die in den 1990ern noch nicht existierten, vereinigen heute Börsenwerte, die jene der gesamten deutschen Automobilindustrie um ein Vielfaches übertreffen. Staaten, die durch Jahrzehnte mit uns in Kooperation standen, können heute als Bedrohung der eigenen Existenz erlebt werden.

U steht für Unsicherheit (Uncertainty), die in uns entstehen kann, wenn alte Gewissheiten schwinden und Veränderungen unsere üblichen Abläufe und Gewohnheiten behindern. Unsere Glaubenssysteme und Gewissheiten geraten unter Druck, wenn Institutionen des Vertrauens schweres Unrecht begehen, wie im Missbrauchsskandal der Kirchen. Äußere Zwänge drängen uns zu grundlegendem Umsteuern, wie angesichts der drohenden Gasmangellage und der weitgehenden Abkehr vom Energieträger Gas im Jahr 2022. Der Begriff der „Normalität" bietet kaum noch Orientierung. Was vormals unter Kontrolle und sicher erschien, bietet keine sicher voraussehbaren Perspektiven mehr. Gewohnheitsmäßiges Handeln und „Business as usual" bieten keine verlässliche Grundlage mehr, um sein Leben zu gestalten. Geschlechterrollen und Identitätskonzepte werden infrage gestellt; einfache und gewohnte Antworten von gestern treffen inzwischen in vielen Fällen auf große Verunsicherung: Die einfache Frage von Herbert Grönemeyer „Wann ist ein Mann ein Mann?" führt heute nicht nur zu interessanten Gesprächen, sondern kann mittlerweile Anlass für kulturkämpferische Identitätsdiskurse werden.

C steht für Komplexität (Complexity). Die wahrgenommene Komplexität hängt selbstverständlich von unserer Perspektive ab. Nach David Snowden und auch Gitta Peyn ist die Sphäre der „Komplexität" abzugrenzen von Sachverhalten, die nur „kompliziert" sind oder uns so erscheinen. Wenn Phänomene komplex erscheinen, sind Problemlösungen nicht mehr allein durch mehr Faktenwissen, Expertise und „Wenn-dann-Bezüge" zu erreichen, sondern nur durch erprobendes Handeln im unkalkulierbar erscheinenden Umfeld. Unsere auf Kausalität gründende Weltsicht bietet uns hier nicht automatisch einen Zugang. Gleichzeitig breiter zu differenzieren und auf mehreren Dimensionen Dinge zu erfassen, ist hochkomplex. Dies in Zeiten einer zunehmenden Beschleunigung zu leisten, ist für einen Großteil von uns schlicht überfordernd.

Komplizierte oder komplexe Sachverhalte können – je nach Beobachterperspektive – selbstverständlich auch als „einfach“ oder als „chaotisch“ gesehen werden. Dieses hier zu erklären, wäre in der gebotenen Kürze aber zumindest „kompliziert“.

A steht für Ambiguität (Mehrdeutigkeit), die in dieser Gemengelage zwangsläufig ist. Dinge sind nur noch selten einfach „gut“ oder „schlecht“, manches ist gleichzeitig wichtig und dennoch gefährlich. Die Beziehungen Deutschlands zu China sind hierfür das perfekte Beispiel: Großer wechselseitiger Respekt, Tendenzen der Übervorteilung, der Überheblichkeit, wechselseitigen Abwertung und in Teilen auch Furcht sind gleichzeitig wirksam. Mit Freude die Segnungen der Tech-Riesen zu genießen und damit die Herrschaft über unsere Daten wegzugeben, ist ein weiteres Beispiel, anhand dessen Ambiguität spürbar sein kann.

Das Akronym VUCA hilft uns, eine Vielzahl von wirkmächtigen Kräften und Phänomenen auf den Punkt zu bringen. Vielleicht würde Ricky Martin heute nicht mehr „La Vida Loca“ singen, sondern unseren Weltzustand mit „La Vida VUCA“ beschreiben.

Lina hatte recht gehabt. In den Tagen nach dem Gespräch im Büro hatten sie zuerst begonnen, eine erste Situationsbeschreibung zusammenzutragen, und dabei Qualitäten, aber auch Schwierigkeiten und Probleme auf unterschiedlichsten Ebenen gefunden: Die Fluktuation im Unternehmen war hoch, Kunden bedrängten den Vertrieb mit preisgünstigen Angeboten von Mitbewerbern, die IT schien unzuverlässig zu funktionieren und seltsamerweise nutzten die Kollegen aus Görlitz kaum die innovativen Potenziale der Softwareingenieure aus Bamberg. Und das, obwohl Wettbewerber reihenweise Innovationen auf den Markt brachten, die ihnen zu schaffen machten. Daneben waren die Kollegen in der Disposition im Dauerclinch mit der Logistik und denen aus dem Vertrieb. Und dann war da noch das Angebot eines chinesischen Investors, der ihnen offenbar den Garaus machen wollte. Lennard erinnerte Lina an die Begegnung mit Karl bei dessen

Autopanne: „Weißt du noch, wie sehr es uns berührt hat, mit welcher tiefen Verbundenheit Karl über die Lenterwerke sprach? Und wie er seine Verbundenheit mit dem Ganzen, den Menschen, den Produkten und den Werten ausgedrückt hat? Ich bin nicht sicher, ob das alles noch zeitgemäß ist, aber wir dürfen nicht einfach das, was uns ausmacht, wegwischen. Wir würden eine Vielzahl von Mitarbeitenden verlieren. Lass uns doch gemeinsam über das sprechen, was uns als Menschen und als Unternehmen heute am Herzen liegt und was uns helfen kann, in eine gute und gemeinsame Zukunft zu finden."

Wenn wir uns jedoch nicht schicksalsergeben den neuen Situationen hingeben wollen, brauchen wir etwas, das uns hilft, unseren Kompass auszurichten, um Orientierung zu gewinnen. Wenn nicht die Hoffnung auf unsere alte Welt uns leitet, was könnte es dann sein?

Kompass aus der Unübersichtlichkeit: Was sind Werte?

Um sich diesen umfassenden Herausforderungen zu stellen, funktionieren „alte" Ansätze nicht. Wie können wir, gemeinsam mit anderen Menschen, den Herausforderungen begegnen? Wenn alles so volatil, unsicher, komplex und mehrdeutig ist, welche gemeinsame Basis haben wir denn jetzt schon, um miteinander, zielgerichtet und sinnhaft aktiv zu werden? Unsere Erfahrungen zeigen, ohne einen neuen Fetisch auszurufen: Es können die Werte sein.

Werte sind für uns ein Ausdruck dessen, was als ethisch und moralisch richtig gilt, und bilden das Fundament für menschliches Verhalten, Entscheidungen und Handlungen. Werte dienen uns als oft kaum bewusster, innerer Maßstab für „Richtig" oder „Falsch", aber auch zur Unterscheidung zwischen „Gut" und „Böse" und im Alltag oft als gesetzte Basis für ein Urteil über „passend" oder „unpassend". Werte bestimmen, was wir achten und was wir ächten; sie dienen als innerer Kompass. Die jeweiligen Begrifflichkeiten an sich sind nach unserem Verständnis positiv konnotiert, es gibt also keine schlechten oder gar falschen Werte. Allerdings gibt es auf der Ebene des Verhaltens große Unterschiede, damit ein jeweiliger Wert als „gelebt" gilt. Denn Werte erhalten ihre praktische Bedeutung und damit Relevanz für Gesellschaften erst, wenn ein dazugehöriges Verhalten benannt und bekannt ist. Was gilt es zu TUN, wenn wir uns den Begriff „Nachhaltigkeit" auf die Fahnen schreiben? Werte, auf die wir uns vereinbaren, ohne ein dazugehöriges Verhalten zu definieren, sind bloßes „Social Marketing". Dafür reicht dann eben auch eine Fahne, wer auch immer sich dahinter versammeln mag. Im gesellschaftspolitischen Kontext verkommen Werte so zur Ideologie oder interessengeleiteten Propaganda.

Da diese Begrifflichkeit im Folgenden von tragender Bedeutung ist, braucht es ein gemeinsames Verständnis, wovon wir beim berliner team sprechen, wenn wir diesen Begriff benutzen. Selbstverständlich gibt es unterschiedliche, gleichwohl legitime Definitionen. Wir beim berliner team arbeiten mit der folgenden:

Menschliche Werte verstehen wir als ein Bündel tief verankerter und grundlegender Überzeugungen und Ideale, die von der jeweiligen Gesellschaft als wichtig und wünschenswert angesehen werden.

Wer dieser These misstraut, darf gerne im eigenen Unternehmen einen Diskurs starten zur Frage, welche Werte denn für die erfolgreiche Zukunft die höhere Bedeutung haben: Arbeitgeberattraktivität, Innovation oder Agilität? „Gleichbedeutend" darf als Antwort in dieser Diskussion aber keine Option sein, nur der Fairness halber (was auch immer Du unter „Fairness" verstehst). Viel Spaß dabei! Im politischen Kontext, und das können wir gerade miterleben, wäre ein lohnendes Thema: Was braucht unsere Gesellschaft? Mehr Nachhaltigkeit, mehr Technologieoffenheit oder mehr soziale Gerechtigkeit? Wohlgemerkt, diese Diskussionen wären zu führen, ohne klare dazugehörige Verhaltensbeschreibung bleiben wir aber bestenfalls im Ungefähren.

Wertewandel in Unternehmen

Unternehmen stehen unter ständigem Druck, sich zu verändern, zu gestalten oder sich anzupassen. Bei rasanter Veränderungsgeschwindigkeit und hochgradig vernetzten Beziehungsgeflechten gerieten die herkömmlichen Vorstellungen von Führung, Leadership und Changemanagement ins Wanken. Schon unter Marketing-Gesichtspunkten decken klassische Tugenden wie „Leistungsfähigkeit", „Dynamik", „Kundenorientierung", eine hohe Qualität von Produkten und Services sowie eine hohe Kapitalrendite nicht mehr ab, was der Markt fordert. Produkte und Services haben auf eine Vielzahl von Bedürfnissen ihrer möglichen Kunden zu reagieren: Ein Produkt, eine Marke, ein Service muss heute einen „Spirit" haben, ein Lebensgefühl vermitteln, um am Markt bestehen zu können. Bis Anfang des Jahrtausends genügte es häufig noch, einen saftigen Claim mit hoher Anspruchshaltung von einer Marketingagentur als

„Unternehmenswerte" in Kampagnen zu verbreiten. Eine Manager-Konferenz im Flugzeug reichte häufig aus, um „unsere Unternehmenswerte" zu formulieren; pflichtschuldigst machten sich dann Marketingagenturen daran, dies den Konsumenten bildreich zu verkaufen.

In der Komplexität der heutigen Anforderungssituation laufen diese Strategien weitgehend ins Leere: Mitarbeiter, speziell der jüngeren Generationen, wie auch Kunden wollen wissen, wer genau, mit welcher Haltung, mit welchen Absichten und welchen Werten ihnen Dienstleistungen, Produkte oder einen Arbeitsplatz anbietet: Plattitüden und hohle Claims stoßen ab, langweilen und führen zu Verlusten: Kunden, Mitarbeiterinnen und Gewinne finden ihren Weg dahin, wo Werthaltiges verspürt oder erlebt wird. Was aber sind die tatsächlichen Werte, die mit Gehalt einem Unternehmen im Inneren und nach außen eine attraktive Gestalt verleihen? Wie gelangen wir zu dem, was der Kern, die „Seele", der „Geist" oder eben die Werte eines Unternehmens sind?

Nach dem Gespräch mit Lennard ging Lina in die Küche, um sich einen Tee aufzusetzen. Auf dem Weg dorthin hörte sie vom Gang aus eine engagierte Diskussion zwischen Karl Benzer und Martha Siegler, der erfahrenen Personalleiterin. Karl echauffierte sich darüber, dass zum wiederholten Male die Auszubildenden das Verpackungsmaterial in der Logistik zum Wochenende in der Halle ausgebreitet liegen gelassen hatten. „Was holst du denn für junge Leute in die Firma? Kaum einer ist pünktlich, sie tragen die Arbeitshosen fast in den Kniekehlen und haben zum Wochenende wieder einmal vollständiges Chaos hinterlassen! Ich bin doch hier nicht der Hausmeister." Martha, selbst schon mehr als 25 Jahre im Unternehmen, hatte Verständnis für Karl: Wenn es jemanden gab, der die Tugenden des Unternehmens verkörperte, dann er. Vorbildlicher Einsatz, Klarheit in der Ansprache, Pünktlichkeit und Ordnung bei höchsten Qualitätsansprüchen. „Weißt du, Karl", hob sie an, „die Azubis haben sich zu einem selbst organisierten Projektwochenende mit den Azubis in Bamberg aufgemacht. Sie sprachen von einer LAN-Party und der Idee, wie sie sich miteinander auf einer eigenen Plattform vernetzen könnten. Ich habe zwar keine Ahnung, was sie damit meinen, aber vielleicht sind das die Qualitäten, die sie hier einbringen." Karl grummelte vor sich hin. „Nun, davon räumt sich die Halle auch nicht auf", war sein erster Gedanke. „Aber wann habe ich mich eigentlich das letzte Mal um unsere Azubis in Bamberg gekümmert, und wann habe ich den Standort das letzte Mal besucht?" Noch mit einem Restgrummeln betrat er die Halle, um dort etwas Erstaunliches zu beobachten. Fiona, die er als vorbildliche Auszubildende in der kaufmännischen Abteilung schon oft gesehen hatte, schien in der Halle ein ungewöhnliches Spiel zu spielen. Sie war Rollstuhlfahrerin und offensichtlich hatten Leyla und Friedrich, das Reinigungspersonal, für sie einen Slalomparcours aufgebaut: Auf der einen Seite des Spielfelds stand der blaue, auf der anderen Seite der gelbe Müllcontainer. Mit großem Geschick durchfuhr sie diesen Parcours, bekam jeweils kurz vor dem Container die passenden Materialien zugeworfen, um sie dann mit einem Jubelschrei dort zu versenken: Es war 17.20 Uhr und offenbar hatte Martha die zwei Reinigungskräfte angehalten, nach Feierabend das Notwendige mit dem Vergnüglichen zu verbinden. „Hallo, Herr Benzer, wir wünschen Ihnen ein schönes Wochenende! Ich kann nicht auf die Azubifahrt mit, weil mein Bruder morgen heiratet. Leyla und Friedrich waren schon durch mit dem Putzen und nun machen wir das Zeugs weg, das die Kollegen aus der Logistik nicht mehr aufräumen konnten. Ihr Bus war eine Stunde früher da und alles war etwas hektisch." Karls Grummeln hatte sich aufgelöst, als er sich selbst in den Feierabend aufmachte. „Die jungen Leute machen die Dinge anders, als wir sie früher angegangen wären. Spielerisch, mit Spaß, manchmal etwas unzuverlässig, aber sie achten auf Zusammenhalt, stehen füreinander ein und betrachten die Firma als eine Möglichkeit, Dinge neu und anders anzugehen. Vielleicht brauchen wir genau so etwas, um uns aus der Vergangenheit zu lösen und einen Neuanfang mit Perspektive zu gestalten", dachte er.

Wertewandel von Mitarbeitern in der Gesellschaft

Werte – ob nun individuelle Werte oder Werte eines Unternehmens – sind für uns nicht unmittelbar zu greifen. Wir sehen oder erleben Verhalten, Symbole, wir hören Bekundungen und empfinden etwas im Miteinander. Die dahinter liegenden Überzeugungen und Ideale, die Haltungen und Antreiber, können wir im Normalfall nur erschließen. Werte können wir persönlich haben oder miteinander teilen. Um Gewissheit darüber herzustellen, ob oder dass wir gemeinsame und geteilte Werte haben, braucht es Offenheit, Interesse und ein kommunikatives Miteinander, das sich Zeit nimmt, das Gemeinsame und Trennende zu hören und zu verstehen. Lassen wir uns darauf ein, gewinnen wir eine neue Perspektive, mit der wir gleichsam einen Blick hinter die Leinwand werfen können, auf der der immer gleiche Film des „Vida Loca“ gespielt wird. Ohne die Ebene der Werte in den Blick zu nehmen, erkennen wir oft nur unverständliches Verhalten oder auch wirtschaftliche Resultate, die uns unverständlich und unlogisch erscheinen:

Mitarbeiter im Allgemeinen und Fachkräfte im Speziellen fehlen und sind schwer zu beschaffen, fehlende Leistungsmotivation lässt sich in den KPIs feststellen, Rückmeldungen an das leitende Personal zur Führungsperformance zeugen von mangelndem gegenseitigem Verständnis oder gar wechselseitiger Entfremdung.

Talentierte Auszubildende lehnen ein Übernahmeangebot dankend ab und suchen einen Neuanfang mit unbestimmtem Ziel. Sprechen wir als Berater mit den Kolleginnen und Kollegen in Unternehmen, erzählen diese häufig, wie wenig „Verbindung“ sie zum Unternehmen, wie wenig Nähe sie zu Vorgesetzten, wie wenig Klarheit sie über den „Sinn“ haben, der hinter der eigenen Tätigkeit steckt. Rein wirtschaftliche Aufstiegsversprechen und Wohlstandsverheißungen scheinen heute für die Mitarbeiter nur noch unzureichend, um eine positive Veränderung herbeizuführen. Wir können diese Symptome als weitere Elemente der „Vida VUCA“ sehen oder als Zeichen einer größeren Bewegung verstehen, in der Werte grundlegend und neu zu verhandeln sind:

Grundlegende Veränderungen, ob in oder im Nachgang der Pandemie, rasant beschleunigte Digitalisierung, geopolitische Verwerfungen, Einkommensunsicherheit angesichts der Inflation sowie aktuelle Kriegsgefahr führen zu Unsicherheit, Zweifeln, zum Teil Desorientierung oder Depression.

Mehr „Zusammenhalt“, bessere „Kooperation“, höhere „Eigenverantwortlichkeit“ und eine „bessere Unternehmenskultur“ sind häufig Antworten, die auf eine Problemlage gegeben werden, noch bevor erkundet wurde, was diese genau ist. Was bleibt und häufig nicht bearbeitet wird, ist eine seltsame Unverbundenheit mit dem eigenen Tun am Arbeitsplatz. Flucht in Privates oder Konsum und „Dienst nach Vorschrift“ sind häufig zu beobachten.

Es scheint, als würden drängende Fragen im Untergrund brodeln: „Was ist mir wirklich wichtig?“; „Wofür wende ich meine Lebenszeit auf?“; „Was kann ich Bedeutsames beisteuern für etwas, das die Welt ein wenig besser macht?“ und „Wofür lohnt es sich, vollen Einsatz zu bringen – an welchem Arbeitsplatz kann ich das verwirklichen?“ Hier geht es offenbar um Sinn, um Werte und nicht um die Verkündigung von Schlagworten: Ein Kanzler, der „Respekt“ plakatiert und anschließend „Kinderarmut“ faktisch ignoriert und

Demokratieinitiativen die finanziellen Mittel entzieht, verletzt damit grundsätzliche Werte und nimmt Wertbegriffen ihre Bedeutung.

Wandel der Generationen

Abgesehen von Start-ups sind wirtschaftliche Entscheidungsprozesse und einflussreiche Positionen derzeit in vielen Unternehmen und Organisationen in Händen der „Babyboomer". In vielem ein gutes Stück liberaler und aufgeklärter als ihre eigene Elterngeneration, haben diese Kinder des späten Wirtschaftswunders einen prägenden Einfluss auf das Miteinander. Sie definieren, was richtig und was falsch ist, und setzen den Ton.

Die heute nachrückenden Generationen stehen zum Teil dem Arbeitsethos, den Vorstellungen von guter Führung und den Grundlagen eines guten Miteinanders oft nur irritiert gegenüber. Wir schlagen vor, die Generationen in ihrer Unterschiedlichkeit wahrzunehmen, ohne einzelne Merkmale wertend zu verwenden. Tieferes Verständnis für die leitenden Werte bei Einzelnen oder Gruppen kann helfen, Gemeinsames zu finden und Unterschiedliches zu verbinden. Werte zu kennen und zu benennen, eröffnet uns die Chance, zueinanderzufinden, anstatt Diversity als Kampfplatz für Täter- und Opferhierarchien zu missbrauchen.

Diversity – Modebegriff oder Erfolgsfaktor?

Der oben beschriebene Wertewandel spiegelt sich unter anderem auch in der Zunahme an Bedeutung, die das Thema „Diversity" in der Gesellschaft erfährt. Mittlerweile hat der Begriff auch die Außendarstellung vieler Unternehmen erreicht. Wer etwas auf sich hält, gibt ein klares Bekenntnis zu „Diversity": „Diversity-Boards", „Diversity-Panels" und -Beauftragte sind vielerorts Teil der Unternehmensrealität. Um über nützliche Marketing-Claims hinaus Bedeutsames zu leisten, kann es hilfreich sein, die Bedeutung der Begrifflichkeit und den Nutzen noch einmal zu klären: Die Wortbedeutung leitet sich vom lateinischen diversitas ab, was „Unterschiedlichkeit" oder „Vielfalt" umschreibt.

Klar und positiv gemeint, bezeichnet „Diversity" den Unterschied zu einer abwertenden oder ignorierenden Haltung gegenüber der Abweichung vom Standard, vom Stereotyp des mitteleuropäischen „Normmenschen": weiß, männlich, Mittelstand, „gesund" und mit durchschnittlicher Bildung versehen sowie als Angestellter im betrieblichen Arbeitsprozess eingebunden.

Einige Interessensgruppen haben in dieser Hinsicht mittlerweile viel bewegt: Der Frauenbewegung spätestens seit den späten 1960er-Jahren, der „Black Lives Matter-Bewegung", der „Regenbogen-", der Schwulenbewegung und Transaktivist*innen haben wir für mehr Bewusstheit zu danken.

Menschen mit Einschränkungen (oder besonderen Begabungen) sind eine weitere Gruppe, die für „gleiche Rechte, gleiche Möglichkeiten" nicht nur kämpft, sondern inzwischen auch verstärkt Bezug nehmen kann auf einen gesicherten rechtlichen Rahmen. Früher als „psychische Störungen" benannte Abweichungen von der Norm werden inzwischen zum Teil als „neurodivers" bezeichnet – auch hier wird über den Begriff der „Normalität" zum Teil heftig verhandelt.

In Unternehmen heißt das, die sehr unterschiedlichen Bedürfnislagen, Perspektiven und Forderungen nach Diversität zu verstehen, zu integrieren und für die Entwicklung einer gemeinsamen Identität zu nutzen:

Die Arbeit mit Werten ermöglicht uns, ein gemeinsames Verständnis zu gewinnen. Universelle und für uns vielleicht selbstverständliche Forderungen und Ansprüche können so mit einem gemeinsamen Verständnis genutzt werden: Was genau heißt für uns in unserem Unternehmen „Freiheit", „Respekt", was bedeutet „Gleichheit", was meinen wir genau, wenn wir „mehr Achtsamkeit" oder auch „klare Führung" wünschen oder fordern? Mit einer Analyse der Werte als Bausteine unserer Werthaltungen bringen wir im Diskurs die Bedürfnisse und Notwendigkeiten auf die Bühne. Wir machen sie besprechbar und lassen die „heiße Luft" aus werthaltigen Begriffen. Wir sprechen damit nicht über die jeweils eigene „Freiheit, die ich meine" (Max von Schenkendorf, 1815), nicht über luftige Plattitüden wie „Liberalismus = Freiheit + Verantwortung + Toleranz" oder über „Rassismus", der mittlerweile, je nach Lager, mit gegensätzlichen und ausufernd-willkürlichen Bedeutungen gefüllt wird, und eben auch nicht mehr über einen dogmatischen Begriff von „Normalität". Mit einem sauberen Diskurs über die Bedeutung von Werten ermöglichen wir nicht nur Klarheit, sondern auch ein Miteinander auf einer tatsächlich gemeinsamen Basis.

Wertewandel von Kunden

„One size fits all" als Motto der Produktgestaltung und die Grundhaltung eines Henry Ford zur farblichen Gestaltung seiner Fahrzeuge mutet heute seltsam an: „Jeder Kunde kann ein Auto in jeder gewünschten Farbe haben, solange es schwarz ist" ist heute nicht mehr zeitgemäß. Kunden sind es bei einer Vielzahl von Produkten gewohnt, in ihrem Lebensgefühl oder ihren Werten angesprochen zu werden. Vorstellungen von Luxus, von veganen Produkten oder auch sportlicher Dynamik werden zielgruppengenau nicht nur ausformuliert, sondern umfassend als Lebenswelten mit zugehörigen Werteclaims dem Kunden angeboten. Selbst in der Grundversorgung und bei sehr preisgünstigen Produkten wählen Konsumenten nicht ausschließlich nach dem Preis, sondern auch nach der Stimmigkeit innerhalb ihres eigenen Wertekosmos. Auch im Luxussegment tut sich etwas: Nur noch wenige Kunden genießen unbeschwert ihre Kreuzfahrt, wenn nicht zumindest die Kissen biodynamisch gestärkt wurden.

Wenn Werte wichtiger werden: Die kulturelle Heimatlosigkeit

Für einzelne Menschen, für ganze Gesellschaften und natürlich auch für Organisationen wie Unternehmen, Verbände und religiöse Gemeinschaften erscheint heute Wandel als eine dauerhafte Konstante in rasender Geschwindigkeit. Die sogenannten sozialen Medien, zunehmende Globalisierung, die ökologische Krise, die Folgen der Pandemie und zunehmende Verwerfungen in den internationalen Ordnungssystemen erzeugen Unsicherheit und kulturelle Heimatlosigkeit. Lange sicher Geglaubtes scheint sich aufzulösen, Konstanten der persönlichen Überzeugungen und Glaubenssätze verschwinden, werden zum Teil oder vollständig infrage gestellt. Gemeinschaften und Gemeinschaftserlebnisse werden weniger verbindlich, Begegnungen finden vielfach nicht mehr in physischer Präsenz, sondern im virtuellen Raum statt, werden dort gehalten und verbleiben häufig auch dort. Im sogenannten politischen Westen sind vielerorts Kirche und Religion nicht mehr das Verbindungsglied zwischen Schichten der Bevölkerung, sie bieten kein „Dach" mehr, das ein gemeinsames Gefühl von Beheimatung vermittelt.

Alternativ scheint sich eine „Gesellschaft der Singularitäten" (Reckwitz, 2017) entwickelt zu haben, in der jeder einzelne Mensch mühsam seine eigene

Identität in komplexen und verzweigten Netzwerken suchen, finden und behaupten muss. Die Fragen „Wo ist mein Platz?"; „Wohin gehöre ich?"; „Was ist mir wichtig?"; „Womit fühle ich mich fest verbunden?" treiben uns um und geben vielen Menschen ein Gefühl der Heimatlosigkeit, da sie keine klaren Antworten für sich finden.

Doch wie können wir uns diesen Themen stellen, ohne vor der schieren Größe der beschriebenen Aufgabe zu kapitulieren? Auf welche Art von „Reise" können sich Menschen in Organisationen begeben und was sollten sie im Gepäck haben?

Einige Wochen nach dem Erlebnis mit Karl auf dem Weg zur Arbeit hatten Lina und Lennard eine beachtliche Liste von Problemen und möglichen Veränderungsprojekten zusammengetragen. Sie hatten mit ihren Führungskräften zusammengesessen und Gespräche mit Mitarbeitenden geführt. Eine ganze Reihe von sogenannten Change-Beratern hatte sie ungefragt mit Analysen versorgt: Hunderte von Charts, die im Kern die Themen „Effizienz", „Kostensenkung", „Reduktion der Lagerkosten", „Design to cost" und „Verschlankung" des Unternehmens im Ganzen vorschlugen. Harte Maßnahmen auf Basis von Zahlen, Daten und Fakten, die offensichtlich aus den Bilanzen und Markttendenzen abzulesen waren. War es das, was sie wollten, Fehler beseitigen und die Ertragslage verbessern? Oder vielleicht doch lieber etwas, was bei den Menschen ansetzte?

2. WIE BEGEGNEN WIR DEM WANDEL? CHANGEMANAGEMENT ODER TRANSFORMATION

Kontinuierliche Veränderung: Veränderung, Change, Transformation – von der Nussschale zur Emergenz

Changemanagement und Transformation sind zwei Begriffe, die oft im Zusammenhang mit der Veränderung von Organisationen, Unternehmen und Gesellschaften verwendet werden. Obwohl sie ähnlich erscheinen, gibt es zwischen ihnen grundsätzliche Unterschiede, die es zu verstehen gilt.

Changemanagement bezieht sich auf die Planung und Umsetzung von Veränderungen in einer Organisation, um ein bestimmtes Ziel zu erreichen. Es geht darum, den Wandel strukturiert und kontrolliert zu gestalten, um sicherzustellen, dass er erfolgreich ist. Ziel des Changemanagements ist es zumeist, die Effektivität und Effizienz der Organisation zu verbessern, indem Prozesse, Strukturen oder Abläufe optimiert werden. Changemanagement ist somit ein pragmatischer Ansatz zur Verbesserung der Leistungsfähigkeit einer Organisation.

In der beobachtbaren Praxis basieren die Ansätze zum Changemanagement häufig auf recht mechanistischen Grundauffassungen: Ein gewünschter Zustand wird als Ziel definiert, Maßnahmen dazu werden aufgesetzt und ein „Roll-out" anschließend praktisch realisiert: Mitarbeitende werden häufig bestenfalls als zu beeinflussende Systemvariablen erfasst, deren Bedürfnisse im Verlauf der Änderungen oder im nachfolgenden Changemanagement zu beachten sind.

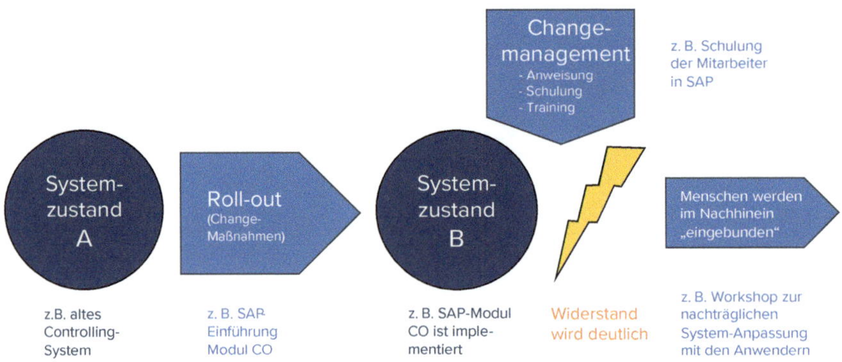

Abb. 1: Wie Changemanagement häufig gelebt wird …

Ein „Change" passiert, wird also nach dieser Auffassung als ein „Ereignis" aufgefasst. Im günstigen Fall kann dies vorbereitet und antizipiert, geplant und sinnvoll durch Vorbereitungen wie begleitende Informationsveranstaltungen, Schulungen und Trainings rechtzeitig flankiert werden.

Dennoch: Das Grundverständnis im klassischen Changemanagement beschreibt den „Change" als ein Ereignis, das stattfindet oder angestoßen wird; das Changemanagement sorgt für die Maßnahmen der Begleitung und Bewältigung.

Die reale Dynamik innerhalb der Mitarbeiterschaft und auf der Teamebene wird in der Change-Logik häufig als kaum zu steuerndes Element innerhalb einer Blackbox aufgefasst. De facto werden Effekte auf Menschen als Begleiterscheinungen eines notwendigen Prozesses behandelt. Nachdem die Umsetzungsschritte auf Prozess- oder Strukturebene vollzogen sind, werden „Störeffekte" abgemildert, bearbeitet oder beseitigt: Changemanagement wird somit häufig zum Reparaturprozess im Nachgang einer Veränderung. Die Dynamiken der Menschen im veränderten System innerhalb eines Prozesses werden häufig als Nebeneffekte verstanden und bearbeitet. Menschen werden „eingeladen" mitzutun und „mitgenommen", um unter den neuen Bedingungen ihren Beitrag einbringen zu können. Da scheint ein Zug zu fahren: Mitarbeitende nehmen die gelegten Schienen wahr, das Ziel des Zuges ist auf einem Fahrplan abzulesen. Ob Einzelne einen Platz finden, ist nicht immer sicher. Die zugewiesene Rolle ist die eines Mitreisenden: „eingeladen" … „mitgenommen" und final „abgeliefert" …

Changemanagement als „Bewältigungsstrategie"

Ein Ereignis kann in Gang gesetzt oder passiv erlebt und ertragen werden.

Eine Flutkatastrophe oder der Bau eines ersten Wolkenkratzers in ein ärmliches Stadtquartier stellen jeweils schwerwiegende Veränderungen dar. Haben diese stattgefunden, so gab es ein „Ereignis"; es hat dann ein „Change" stattgefunden – die neue Situation ist eine andere als die zuvor. Auch die Umstellung von einfachen Systemen der Organisationsadministration auf eine komplette SAP-Landschaft wird von Mitarbeitenden häufig als schwerwiegender „Change" erlebt. Im Anschluss an das Ereignis können Menschen darauf reagieren, häufig nur durch Anpassung. Um die entstehende Dynamik zu verdeutlichen, wird diese häufig mit der sogenannten „Change-Kurve" abgebildet, die passenderweise der „Trauer-Kurve“ von Kübler-Ross entlehnt ist: Ursprünglich beschreibt sie die unterschiedlichen Phasen des Fühlens, Wahrnehmens und Handelns im Umgang mit der tiefgreifenden Veränderung durch den Tod einer geliebten Person.

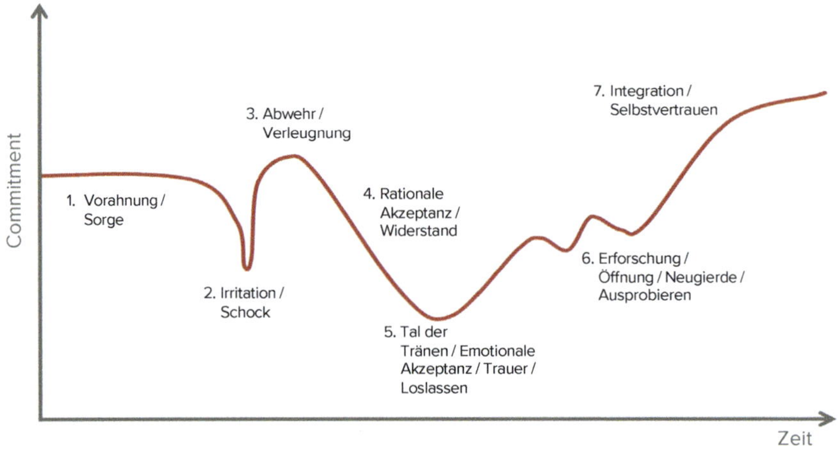

Abb. 2: Die Change-Kurve

Transformation als Prozess mit tiefer Wirkung

Transformationen hingegen sind im Unterschied zu Change-Prozessen im organisatorischen Kontext zumeist mit einem Paradigmenwechsel verbunden. Grundannahmen, prinzipielle Haltungen, Vorgehensweise und Überzeugungen werden nicht nur infrage gestellt, sondern buchstäblich aus den Angeln gehoben. Wenn bei einem Change etwas geschieht oder getan wird („Wir führen SAP-Modul ‚CO‘ ein“), gilt es anschließend, einen angepeilten Zielzustand zu erreichen. Transformationen hingegen sind schwerwiegende Veränderungsprozesse, die kein festes und vorab präzise definiertes Ziel haben. Transformationen sind also umfassender und grundsätzlicher, als es Change-Vorhaben zumeist sind. Eine Gesellschaft, eine Industrie erfolgreich auf den CO_2-neutralen Pfad zu führen, ist eben kein Ereignis, sondern ein Prozess, den wir Transformation nennen.

Anlässlich des Klimawandels sprechen wir von einer notwendigen technologischen Transformation. Die weiterzuentwickelnden Grundannahmen beziehen sich im politischen und gesellschaftlichen Diskurs zumeist auf den Einsatz unterschiedlicher Technologien. Die Notwendigkeit einer zeitgleichen kulturellen Transformation wird hingegen unterschätzt. Statt bei Haltungen und Überzeugungen von uns Menschen anzusetzen und hier einen gesellschaftlichen Konsens über erkannte Notwendigkeiten zu erzielen, werden die Diskussionen auf der Symptomebene in den bereits erwähnten Echokammern geführt. Was dem einen sein unantastbarer Diesel ist, ist für die andere die Einsicht in die Notwendigkeit einer veganen Lebensweise. Diese hoch emotional geführten Diskussionen lassen sich durch gesetzliche Regelungen allein nicht auflösen. Der halb gare Versuch, Wertvorstellungen ins Spiel zu bringen, reduziert sich dann häufig auf zunächst substanzbefreite Begrifflichkeiten wie „technologieoffen“ oder „nachhaltig“.

Wenn wir einen Schritt weiterkommen wollen, ohne die inhaltlichen Argumente der jeweils anderen herabzuwürdigen, müssen wir eine Ebene tiefer gehen. Und dies ist die Ebene der Werte, auf die wir uns einigen können und die wir mit Substanz füllen müssen. Um in Unternehmen die Kultur weiterzuentwickeln, wählen wir eben deshalb den Weg der wertebasierten Transformation.

Zusammengefasst:

- Für sach- und prozessbezogene Veränderungen sind „Change-Projekte“ und Changemanagement passend und angemessen. Wenn Mitarbeitende in der Startphase Teil der Zielformulierung sind und das „Why?“, also den Sinn und Zweck, verstehen und teilen, ist ein Change eben kein Tsunami, sondern ein gemeinsames Richtfest.
- Wenn es um grundlegenden Wandel geht, ist Transformation das Format, in dem Beteiligung gelebt und Veränderung als gemeinsamer Prozess gestaltet werden kann. Transformation wird begleitet von einem Paradigmenwechsel und ist dann zu erleben wie das Wachstum in einem Garten, über dessen Zweck wir uns einig, deren genaue Phasen aber nicht präzise vorbestimmbar sind.

Lina und Lennard hatten sich zusammen mit Martha, der Personalerin, einen Tag lang zurückgezogen, um zu entscheiden, welche die ersten Schritte sein sollten und wie sie es angehen würden. Martha hatte darum gebeten, dass alle drei zunächst einmal die Situation abbilden, um ein gemeinsames Verständnis davon entwickeln zu können, was es gerade braucht. Eine Wand im Konferenzraum war schon voller bunter Klebezettel, auf die die drei miteinander die Erkenntnisse der letzten Wochen notiert hatten. „Kundenbedürfnisse verändern sich“ stand da, „Die Kommunikation zwischen den Standorten funktioniert nicht gut“; „Neue Generationen treffen auf konservative Wertvorstellungen“; „Fachkräftemangel“ und „Gewinne schrumpfen“. Die Themen wollten kein Ende nehmen. „Ganz schön komplex, was wir hier haben. Das ist doch nicht nur ein Change-Prozess, das sind Dutzende“, bemerkte Lennard.

In ihrem alten Job hatte Lina einiges an Erfahrungen mit Change-Prozessen gesammelt. Sie wusste, was gut gelaufen war, aber auch, was gar nicht gut funktioniert hatte. Sie erzählte davon, wie in ihrer alten Firma SAP implementiert wurde. „Es gab ein Team, das sich über die Einführung Gedanken gemacht hat und auch den Dienstleister steuerte. Die meisten Kollegen wurden aber vor vollendete Tatsachen gestellt. Was die Mitarbeiter aus ihrer Sicht gebraucht hätten, war in der neuen Lösung gar nicht enthalten. Das gab ganz schön viel Ärger und am Ende hat es ewig gebraucht, bis die neue Software von allen genutzt wurde.“ Lennard stöhnte: „Und die Systemwelt ist ja nur eine von vielen Herausforderungen ...“ „Vielleicht geht es gar nicht um Change“, deutete Martha an. „Ich denke, wir stehen vor einer Transformation.“ Sie erläuterte den Unterschied. „Du meinst, wir können gemeinsam mit den Menschen erarbeiten, was es braucht?“, fragte Lina. „Dann müssten wir gar nicht allein alle Lösungen haben ...“, bemerkte Lennard vorsichtig. „Und auch nicht jetzt schon wissen, wie der Plan für die nächsten eineinhalb Jahre aussieht ...“ Und irgendwie war dieser Gedanke für ihn ein gutes Gefühl.

Lina deutete auf einen Zeitungsartikel, der vor ihr lag. „Laut einer aktuellen Studie halten die meisten CEOs weltweit die Unternehmenskultur als größten Erfolgsfaktor für den finanziellen Erfolg eines Unternehmens ...“, kommentierte sie. „Bei etwas Nachdenken ist das verständlich“, antwortete Lennard. „Die Unternehmenskultur beeinflusst alles: die Motivation der Menschen, die Fluktuation, die Attraktivität als Arbeitgeber, die Entscheidungsgeschwindigkeit, den Umgang mit Kunden, die Eigenverantwortung der Arbeitnehmer ... Um nur einige Punkte zu nennen. Und all das beeinflusst natürlich den wirtschaftlichen Erfolg.“ „Dann lass uns den Fokus auf unsere Kultur legen“, sagte Lina entschieden. „Und ein neuer Start könnte auch sein, den Kollegen und Kolleginnen zu erlauben, uns und einander mit Du und dem Vornamen anzureden.“

Werte als Ebene der Intervention – weshalb wir einander bei den Werten packen sollten

Robert Dilts, US-amerikanischer Organisationsentwickler, gab uns in den 1990er-Jahren den Anstoß, tiefer darüber nachzudenken, weshalb oft Symptombearbeitung im Kontext der Organisationsentwicklung zu kurz greift. Er knüpfte an Gedanken von Gregory Batesons Lerntheorie an und entwickelte ein Modell der sogenannten logischen Ebenen, die Dilts-Pyramide:

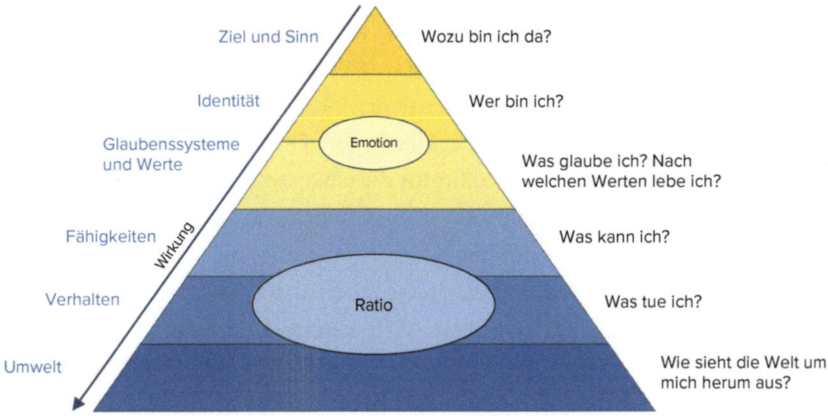

Abb. 3: Die Dilts-Pyramide

Die Dilts-Pyramide bietet eine logische Struktur, die hilfreich ist, um Interventionen und Maßnahmen im Kontext von Organisationsentwicklungen zu planen und umzusetzen. Die Pyramide besteht aus verschiedenen Ebenen.

Die Logik der Pyramide ist bestechend: Von unten nach oben sortiert, erfordert es zumindest immer eine Maßnahme oder Intervention auf einer der darüberliegenden Ebenen, um ein Problem auf einer darunterliegenden Ebene effektiv zu lösen.

Wenn zum Beispiel ein Problem auf der Umweltebene bewältigt werden soll, ist es notwendig, zumindest das Verhalten zu ändern. Allerdings reicht es nicht aus, das Verhalten allein zu ändern, indem man die Umwelt wechselt. Wenn jemand sich nicht gut abgrenzen kann und sich oft zu viel aufbürdet, dann reicht es nicht, ihn oder sie aufzufordern, einfach öfter „Nein“ zu sagen. Das Verhalten zu beeinflussen, erfordert zumindest Einflussnahme auf der Ebene „Fähigkeiten“ und in vielen Fällen auch auf einer der höheren Ebenen.

Über die Fähigkeit, „Nein“ zu sagen, verfügen bereits die meisten Dreijährigen, und dies mit ausgesprochener Vehemenz. Tut es jemand im Laufe seines Lebens dann irgendwann nicht mehr, hilft oft auch eine intensive Schulung nicht. Die Herausforderung scheint in diesem Fall auf der Ebene der Glaubenssätze und Werte zu liegen. Möglicherweise ist der Wert „Leistung“ bei der Person sehr ausgeprägt, verbunden mit dem Glaubenssatz „Damit jemand die Akzeptanz im Unternehmen gewinnt, müssen alle an ihn gestellten Erwartungen erfüllt werden“. Eine Intervention auf der Ebene der „Fähigkeit“ wäre hier also nach Dilts offenbar absolut unpassend.

Um also das Verhalten zu ändern, muss mindestens auf der Ebene der Entwicklung von Fähigkeiten interveniert werden. Wenn wir hier nicht erfolgreich sind, muss die Ebene der Fähigkeiten mit der nächsthöheren Ebene beeinflusst werden. Offenbar ist dann auf der Ebene von Glaubenssätzen und Werten etwas zu tun: Wer seine eigene Kultur für die einzig wahre und überlegene hält, wer meint, Disziplin und Kontrolle seien ausreichend für gutes Zeitmanagement, ist damit nur selten erfolgreich.

Das Prinzip können wir leicht auf unser Thema, die Unternehmenstransformation, beziehen: Indem wir unsere Werte kennen und miteinander verbinden, können wir Transformationsprozesse mit großer Wirksamkeit in Gang setzen. Bevor wir also viel Geld in Trainings auf der Ebene des Verhaltens oder der Fähigkeiten investieren, sollten wir sicherstellen, dass unser Kompass ausgerichtet ist und wir unsere Werte kennen, um zu wissen, WOZU wir etwas tun.

Am nachfolgenden Montag traf sich Lennard mit Fiona Rinser und Max Tersen, den beiden Azubi-Vertretern, in seinem Büro. Fiona und Max hatten um das Gespräch gebeten, nachdem am Wochenende in Bamberg das Azubi-Treffen stattgefunden hatte. Sie berichteten gemeinsam vom Verlauf und den Resultaten des Wochenendes:

Die LAN-Party am Freitagabend war gegen Mitternacht in eine Fete mit Karaoke und Tanz überführt worden, was ein gemeinsames Frühstück am nächsten Tag gegen 14.00 Uhr zur Folge hatte. Nach längeren gemeinsamen Runden, in denen intensiv über die Situation an den Standorten berichtet wurde, hatten die Bamberger ihren Entwurf für eine gemeinsame Kommunikationsplattform vorgestellt: Eine einfache Lösung mit allen möglichen Gadgets, einem Planungstool, einem Whiteboard, unterschiedlichen

Feedback-Werkzeugen, mit denen die Azubis an den beiden Standorten beständig Nachrichten und Stimmungsbilder von ihren Kolleginnen und Kollegen in der Community erhielten. Heute, am Montag danach, waren in den ersten sechs Stunden schon viele Anmeldungen von Azubis eingegangen und Bilder und Nachrichten über das Wochenende machten die Runde. „Lennard, wir wissen, wie vorbildlich wir hier im Unternehmen mit dem Datenschutz und den IT-Richtlinien umgehen“, hob Max an. „Wir möchten dich informieren, dass wir so ein Netzwerk für die Azubis als Prototyp am Start haben. Das weiterzuentwickeln, auf Servern zu betreiben und Störungen zu beseitigen, wird uns Zeit und Geld kosten. Den Arbeitseinsatz werden wir nach Feierabend einbringen, aber mit den Kosten für die Server haben wir ein Problem.“ „Schicke mir bitte eine Abschätzung über das zu, was ihr dafür braucht. Ich sorge dafür, dass ihr professionell ausgestattet seid“, war die knappe Antwort von Lennard. „Und was wären die nächsten Schritte?“, fragte er direkt im Anschluss. „Nun, wenn du einverstanden bist, möchten wir alle Auszubildenden dazu einladen, den Prototyp der App zu nutzen. Wir möchten für die Betriebsfeier im Herbst ein paar Aktivitäten über das Tool planen und koordinieren.“ Lennard war erstaunt und begeistert von der Initiative der Azubis im Unternehmen und stimmte sofort zu. Ein wenig grummelte es in ihm, dass er den Standort Bamberg, insbesondere die Azubis dort, bisher überhaupt nicht auf dem Schirm gehabt hatte ... und einen selbstständig aufgesetzten Prototyp einer App als Kommunikationsplattform hatte er vor sehr langer Zeit einmal mit dem IT-Leiter in Görlitz besprochen. Aber, wie so oft, wenn es darum ging, selbst alles Mögliche anzuschieben, war nichts daraus geworden und mit Bamberg hatte man zu dem Thema nicht einmal gesprochen. „Ich möchte euch zuerst einmal danken. Ihr zeigt durch eure Initiative etwas, das wir genau jetzt und in Zukunft brauchen. Ich möchte euch einladen, nicht nur die Azubis, sondern uns ALLE im Unternehmen besser zu vernetzen. Diese Qualität, miteinander etwas anzustoßen, weil ihr es WOLLT, etwas für die Gemeinschaft zu entwickeln, für das Miteinander im Unternehmen zu tun, ohne um Erlaubnis zu fragen, das ist klasse! Wir werden demnächst gemeinsam im Unternehmen auf eine Reise gehen, um die Qualitäten besser zu verstehen und zu nutzen: ‚Gemeinsamkeit‘ oder ‚Gemeinschaft‘, ‚Mut‘ und ‚Initiative‘ als Leitbegriffe könnten einen guten Impuls geben, in eine neue Zeit durchzustarten. Wollt ihr uns unterstützen, die Werte gemeinsam zu entwickeln, die uns helfen, bisherige Qualitäten und zukünftige Anforderungen für alle verständlich zu formulieren?“ Fiona und Max waren sehr überrascht über diese Ansprache von Lennard. Erstaunt, geschmeichelt und in gleichem Maß fasziniert, am Startpunkt dieser gemeinsamen Reise von einem der Kapitäne auf die Brücke berufen zu sein, das war etwas sehr Neues.

3. KULTUR UND WERTE ALS BASIS FÜR EINE TRANSFORMATION

Werte als gemeinsame Basis bieten Halt und Orientierung

Wenn wir uns nun in dieser „VUCA-Welt“ auf den Weg der Veränderung machen wollen, dann lösen wir mit hoher Wahrscheinlichkeit zusätzliche Verunsicherung bei allen Beteiligten aus. Die Fragen „Was ist und bleibt stabil, worauf können wir bauen?“ und „Wohin geht die Reise?“ lassen sich zu Beginn nur in Ansätzen beantworten. Sich mit Zuversicht und Engagement auf eine solche Reise einzulassen, ist nur wenigen gegeben. Zu viel steht auf dem Spiel, als dass wir von Menschen erwarten können, einfach loszulegen. Es braucht etwas Gemeinsames, etwas Verbindendes, auf das wir uns als Menschen und als Gemeinschaft verlassen können, um ein Mindestmaß an Halt zu erleben. Dieses Gemeinsame und Verbindende können nach unserer Erfahrung geteilte Werte sein. Und es braucht eine Richtung, einen Ausblick. Anderenfalls setzen sich Menschen nicht in Bewegung. Mit anderen Worten: Als Menschen brauchen wir Orientierung, um in dieser „VUCA-Welt“ handlungsfähig zu bleiben.

Weshalb und wozu brauchen wir Orientierung?

Orientierung ist die grundlegende Fähigkeit, die uns hilft, uns in bekannter und fremder Umgebung zurechtzufinden und Entscheidungen zu treffen. Diese Fähigkeit als evolutionäre Errungenschaft hat uns dabei geholfen, in der Natur zu überleben und unsere Umstände aktiv und zielgerichtet zu gestalten. Orientierung ist nicht nur wichtig im physischen Sinne, sondern auch im emotionalen und mentalen Bereich. Eine klare Orientierung kann uns dabei helfen, den Blick auf das für uns Wesentliche zu fokussieren und zielgerichtet vorzugehen.

Ein Mangel an Orientierung kann zu Verwirrung, Angst und Stress führen, wohingegen eine klare Ausrichtung helfen kann, ein Gefühl von Sicherheit und Geborgenheit zu vermitteln. Sie kann dazu beitragen, das Selbstbewusstsein zu stärken und uns in die Lage zu versetzen, uns in ungewohnten Umgebungen zurechtzufinden, also mit Unsicherheit umzugehen. Ohne ein gutes Maß an Orientierung Selbstwirksamkeit zu erleben, ist für uns sowohl als Individuen als auch als Gruppen ein schwieriges, wenn nicht unmögliches Unterfangen. Das angesprochene Gefühl der kulturellen Heimatlosigkeit schafft zudem eine

Unsicherheit, der es im privaten, gesellschaftlichen und beruflichen Kontext entgegenzutreten gilt.

Veränderungsprozesse miteinander erfolgreich zu gestalten, setzt eine gemeinsame und geteilte Orientierung voraus, die transparent in einem kollaborativen Prozess geschaffen wurde. Nur so kann eine gemeinsame und tragfähige Basis entstehen, die uns die Sicherheit gibt, den nächsten Schritt richtig zu setzen. Denn wie sieht die Alternative aus? Sich in buddhistisch-meditativer Haltung in einer Nussschale auf See zu begeben, bietet sicherlich die Möglichkeit einzigartiger Erfahrungen. Im Kinofilm „Life of Pi" lässt sich das trefflich beobachten. Veränderungen können so jedoch nur reaktiv gemeistert werden.

Doch was bietet uns die Welt als Orientierungsmöglichkeit an? Ist es eine gemeinsame Vision, ist es der gemeinsame „Leuchtturm", der „Nordstern", wie es in den Anfängen dieses Jahrhunderts postuliert wurde? Sind wir ehrlich, bei der ersten Krise wird diese Art der Orientierungen über den Haufen geworfen, bevor der Hahn dreimal gekräht hat. Ellenlange PowerPoint-Präsentationen, die Menschen „ex cathedra" erklärten, wohin „die Reise" geht, waren nicht das Pixel wert, mit dem sie dargestellt wurden. Bestenfalls gelang es meist männlichen Führungskräften durch ihr individuelles Charisma, Menschen hinter sich zu versammeln. Vision, Mission und Claim waren eher Dokumente, die sich auf der Unternehmens-Homepage gut lasen. Egal ob Dotcom-Krise, Banken-Kollaps, Eurokrise, Covid-19-Pandemie, der unsägliche Ukraine-Krieg oder der grausame Überfall auf Israel: Das nachvollziehbare und nur scheinbar neue Motto war jeweils „Wir steuern auf Sicht". Was als operative Notwendigkeit in einer Krisensituation gesellschaftlich akzeptiert wird, stellt sich bei genauerer Betrachtung als das ohnehin einzig sinnvolle Steuerungsmodell heraus. Denn der Kaiser „hat ja gar nichts an".

Die Illusion des strategischen Weitblicks manifestiert sich regelmäßig in attraktiv formulierten Visionen, die im operativen Tagesgeschäft ohne praktische Relevanz für die Handelnden sind. Wir sollten vorsichtig werden, wenn uns gedankliche Entwürfe der Zukunft als eine handlungsleitende Vision angeboten werden. Es bedarf schon des Formats eines Jesus, eines Mohammed, einer Jeanne d'Arc, einer Sophie Scholl oder eines Martin Luther King, um glaubwürdig die Idee einer attraktiveren Zukunft anzubieten/zu verkörpern. Machen wir uns nichts vor, es gibt Situationen, in denen wir berechtigterweise von „Weitblick" sprechen können. In stürmischen und gleichzeitig nebligen Zeiten wie diesen lautet die Tageslosung: „Wir steuern auf Sicht." Und das wird auf absehbare Zeit auch so bleiben. Sind wir als Individuen, als Gesellschaft, als Unternehmen resilient genug, um das auszuhalten? Finden wir etwas, das eint und mit unterschiedlichen Perspektiven konstruktiv umgehen kann?

In unserem Berater-Alltag hören wir häufig, wie dringend eine neue gemeinsame und langfristige Ausrichtung nötig sei, weil die Welt so „VUCA" geworden ist. Mitarbeitende, also die Menschen in Unternehmen, hingegen artikulieren für sich persönlich im Gegensatz dazu sehr wohl eine klare Orientierung, obgleich diese keine wohlgeschliffene Zielformulierung darstellt. Wenn wir andere Menschen nicht per se für desorientiert halten, sie also zu unmündigen Zeitgenossen erklären wollen, brauchen wir etwas, das die Gemeinschaft anspricht, ernst nimmt und beteiligt, um eine fühl-, erlebbare und glaubwürdige Ausrichtung zu haben. Diese Ausrichtung muss im Tagesgeschäft als relevant erlebt werden und gleichzeitig die Themen adressieren, die uns in absehbarer Zukunft beschäftigen werden. Also was ist „es", dieses „Etwas", hinter dem wir uns gemeinsam versammeln, für das wir als Gruppe/Unternehmen einstehen, das uns verbindet, einen gemeinsamen Sinn manifestiert, relevant für die Erfüllung des Zweckes unserer Organisation ist?

Auch hier gilt: Wer verspricht, DIE Antwort zu kennen, dem sollten wir mit hochgezogenen Augenbrauen gegenübertreten. Denn was uns eint, für gemeinsame Orientierung, ja geteilte Leidenschaft sorgt, ist natürlich abhängig vom gesellschaftlichen und kulturellen Kontext. Schon die Annahme, dass „Gemeinsamkeit" als Qualität von Bedeutung ist, zum Axiom zu erheben, stellt eine willkürliche Setzung dar. Das „Wir" als solches ist in einer fragmentierten Gesellschaft, die den Begriff der Identität wie eine Monstranz vor sich herträgt, neu zu definieren. Zu sehr finden Diskussionen heute in geschlossenen Echokammern statt, die nur verlassen werden, um anderen die persönliche Empörung, gar Verletzung zu präsentieren. Wer ich „bin" und wie ich gesehen und behandelt werden möchte, zählt im öffentlichen Diskurs häufig mehr als die Frage „Was brauchen wir und unsere Nachkommen, um im Einklang mit unserer Umgebung ein erfülltes Leben zu führen?". Doch wie können wir scheinbar unüberwindbare Gegensätze überbrücken? Wenn uns keine Synthese der unterschiedlichen Positionen gelingt, werden wir in absehbarer Zukunft kopfschüttelnd vor dem stehen, was uns einst lieb und teuer war.

Neue und überraschende Koalitionen unterschiedlicher Echokammern haben sich in den letzten Jahren gebildet, die auch neue Formen der Meinungs- und Willensbildung erfordern. Ein argumentativer Austausch kommt bei

Identitätsdiskussionen schnell an seine Grenzen, zumal er häufig virtuell, also in den sogenannten sozialen Netzwerken, stattfindet. Was sich im öffentlichen Kontext durch den scheinbaren Antagonismus „Klimaleugner" versus „Ökoterrorist", „Impfbefürworter" versus „Coronaleugner" darstellt, bildet sich in Unternehmen auf sonstige, weniger dramatisierende Weise ab. Hier erleben wir andere, scheinbar unvereinbare Positionen wie „Mehr Frauen in Führung – wenn es sein muss, durch eine Quote" versus „Qualifikation und Erfahrung vor Geschlecht", „Wir müssen nachhaltiger werden" versus „Inflation und Zinspolitik erfordern rigoroses Handeln und kurzfristige Erfolge". Aber auch hier scheinen die Positionen unvereinbar.

Um voranzukommen, dürfen wir die inhaltlich-argumentative Ebene verlassen. Wenn wir den Menschen nicht nur als Individuum mit seinen jeweiligen Bedürfnissen, sondern auch als soziales Wesen betrachten, das in der Lage ist, sich selbst und andere zu lieben, eigenverantwortlich Entscheidungen zu treffen und moralisch zu handeln, so verlassen wir das mechanistische Weltbild. Wir stellen dann nicht die Frage nach dem „Richtig" oder „Falsch" in den Mittelpunkt. Nicht die inhaltliche Position, die vertreten wird, ist dann entscheidend, sondern die Beziehung, in der Menschen zueinanderstehen, durch die sie sich miteinander entwickeln. Wir betrachten dann das gemeinsame Gestalten, Erleben und Empfinden im Hier und Jetzt. Wir hinterfragen die Wege, wie wir unser Umfeld gestalten, uns in ihm bewegen und auf welche Art und Weise wir gemeinsam handeln wollen. Das zu tun in einer Atmosphäre, die von Respekt und Neugier geprägt ist, bedeutet, sich mit der Basis des sozialen Zusammenlebens auseinanderzusetzen: unsere Werte und die daraus resultierende Kultur, in der wir leben und arbeiten.

Ausgehend von der These, dass wir als soziale Wesen unsere Werte mit den jeweiligen Zuschreibungen in uns tragen und danach streben, diese zu verwirklichen, braucht es in Unternehmen Anlässe, Rahmenbedingungen und eine Plattform, ein Forum, um sich hierüber auszutauschen. Dies ist weniger als Selbstzweck zu verstehen, sondern vielmehr als Basis, um unterschiedliche Erwartungen und Bedürfnisse abzubilden. Gruppen von Menschen, die sich der angestrebten Werte nicht bewusst sind, erleben das Miteinander eher als diffus, geprägt von „Versuch und Irrtum". Erziele ich mit meiner persönlichen Art und Weise nicht die gewünschten Effekte, suche ich nach neuen Wegen, um meine individuellen Werte in der jeweiligen Gruppe repräsentiert zu sehen, oder ich orientiere mich anderweitig.

Insofern, und mit dieser These arbeiten wir als berliner team, sind wir als Individuen per se werteorientiert. Für Gruppen, Unternehmen oder gar Staaten gemeinsame Werte zu definieren, die handlungsleitend sind, stellt ein herausforderndes, aber machbares Unterfangen dar. Eine Unternehmenskultur als schlicht „wertegeleitet" zu bezeichnen, ist ein Beginn, aber noch ohne inhaltliche Substanz. Ohne die geteilten Werte zu benennen, sie inhaltlich gemeinsam zu verstehen, verkommt das Thema „Werteorientierung" zur Worthülse. Wie Ihr das mit Eurer Gruppe oder Eurem Unternehmen vermeiden und Erfolg versprechender angehen könnt, dazu kommen wir in Abschnitt 5. Bevor wir jedoch in den praktischen Teil übergehen, brauchen wir ein gemeinsames Verständnis: Wovon sprechen wir beim berliner team, wenn von Kultur und von Werten die Rede ist?

Was ist Kultur?

Der Begriff Kultur kennt verschiedene Definitionen, die im Kern jedoch das Gleiche beschreiben. Kultur als Basis des sozialen Zusammenlebens zu charakterisieren, ist eine Setzung, die wir in Transformationsprozessen vornehmen.

„Kultur" bezeichnet nach unseren Vorstellungen die Gestaltung des Zusammenlebens zwischen Menschen. Die gesamte Kultur einer Gemeinschaft umfasst die Regeln des Zusammenlebens, Religion, Bräuche, Sitten, Normen, Rituale, Artefakte und alle Formen der Kunst. Auf Unternehmen bezogen, spiegelt sich Kultur in der Arbeitsumgebung, den Belohnungssystemen und natürlich der Organisationsform wider. Welche Geschichten werden immer wieder erzählt, wie wird mit Macht und Verantwortung umgegangen? Wie kommunizieren wir?

Werden Menschen zur aktuellen Unternehmenskultur befragt, beschreiben sie Erlebnisse, die sie in den unterschiedlichen Zusammenhängen des täglichen Arbeitens als hilfreich oder hinderlich empfinden. In Ergänzung dazu werden Adjektive wie hierarchisch, modern oder agil benutzt.

Vieles, was Menschen als Kultur erleben, entdecken oder empfinden, hat sich in der Praxis des Alltags entwickelt und ist entstanden, ohne dass absichtsvoll an der Kultur gearbeitet wurde. Die vorhandene und gelebte Kultur hat sich entwickelt, weil Menschen ihre individuell bevorzugten Verhaltensmuster im Miteinander leben und anpassen. Ein gemeinsames „So gehen wir miteinander um" entsteht, ohne dass bewusst, also planvoll, gesteuert wird. Das vorhandene

Arbeitsumfeld und Anforderungen, die von außen kommen, sowie Kulturmerkmale, die in der Branche üblich sind, leisten ihren eigenen Beitrag. Wir überprüfen, was im jeweiligen System passend scheint, und justieren eigenes Verhalten nach. Gepflogenheiten in einer Gesellschaft, einer Branche, der besondere Stil einer Unternehmensgründerin, der Spirit junger Unternehmen im Start-up-Umfeld oder die standardisierten Vorgaben für Büroarbeitsplätze in Konzernen gestalten etwas, noch bevor Mitarbeiter darüber nachgedacht hätten, was für sie gewünscht, passend oder sinnvoll wäre. Doch es scheint etwas zu geben, was verschiedene Unternehmen in ähnlichem Umfeld unterscheidet. Und gemeint ist hier nicht der unvermeidliche Kickertisch in der Empfangshalle oder die weißen Sneakers des CEO, der inzwischen ohne Krawatte vor die Mitarbeiter tritt. Vielmehr scheint es so etwas wie einen „Spirit", einen gemeinsamen „Geist" zu geben, der in vielen Unternehmen eine tieferliegende Grundlage für erfolgreiches oder weniger erfolgreiches Handeln und Wirtschaften liefert. Und genau hier sprechen wir vom Begriff der Kultur. Unternehmen können nicht keine Kultur haben, denn sie entsteht und entwickelt sich, ohne dass wir Menschen aktiv steuern müssen. Deshalb nennen wir Kulturentwicklung einen emergenten Prozess. Was genau entsteht, erkennen wir erst, wenn „es" da ist.

Sehr viele Systeme, Familien, Vereine, Verbände stellen sich dem Thema Unternehmenskultur nicht bewusst und sind trotzdem erfolgreich. Die Fragen „Wie halten wir es denn im Miteinander?" und „Welche Rahmenbedingungen braucht es, damit wir als Menschen gerne exzellente Ergebnisse für das Unternehmen erzielen?" bekommen häufig erst Relevanz in Krisensituationen. In der Regel wird zunächst auf Produkte, Prozesse oder einzelne Beteiligte geschaut. Was lässt sich hier verbessern, welche Abteilung oder Person trägt die Schuld? Das mechanistische Weltbild „Ich benenne das Problem, erkenne die Ursache, formuliere ein Ziel und definiere die dazugehörigen Maßnahmen" entfaltet seine volle Wirkung. Die Fragen, was im Miteinander nicht funktioniert, wo die aktuelle Kultur dysfunktional ist, werden häufig schlicht nicht gestellt. Kultur wird in vielen Unternehmen nicht als relevante oder zu gestaltende Einflussgröße angesehen. Rahmenbedingungen und ihren Einfluss auf die Leistungsfähigkeit zu hinterfragen, bedeutet meistens, einen Blick auf Werkzeuge und Prozesse zu werfen. Doch wie können wir Kultur beschreiben und damit besprechbar machen? Ellenlange Listen darüber zu produzieren, was alles zu verbessern ist, helfen, sinnvolle Aktivitäten zu definieren, geben aber keine

Orientierung. Es braucht über die Aktivitätenebene hinausgehende Orientierung, die es Menschen ermöglicht, eigenständig sinnvolle Änderungen in die gewünschte Richtung zu lenken. Welche Qualität, welche gedankliche Ebene ist es, die für gemeinsame Orientierung sorgt, ohne Mikro-Management zu betreiben?

Wenn wir versuchen, abseits esoterischer Dimensionen hier die Hebel zu entdecken, ist der Begriff der „Werte“ für uns der passende Ansatzpunkt: Um zu analysieren, zu verstehen und letztlich Einfluss auf die sonst so schwer fassbare Kultur in Unternehmen zu nehmen, bieten uns Werte Zugang zu dem, was sonst schwer greifbar als „Unternehmenskultur“ nur erlebt wird.

Was sind Werte?

Werte, Ethik, Moral – Grundlagen unseres Handelns

Etwas Klarheit darüber, was wir unter Werten verstehen, haben wir oben schon gegeben: „Ein Bündel tief verankerter und grundlegender Überzeugungen und Ideale, die von der jeweiligen Gesellschaft als wichtig und wünschenswert angesehen werden. Diese Werte sind ein Ausdruck dessen, was als ethisch und moralisch richtig gilt, und bilden das Fundament für menschliches Verhalten …“

Menschliche Werte können sich von Gesellschaft zu Gesellschaft unterscheiden und entwickeln sich historisch weiter. Einige Beispiele für menschliche Werte sind Ehrlichkeit, Verantwortungsbewusstsein, Mitgefühl, Toleranz, Freiheit, Gleichheit, Respekt und Solidarität. Je nachdem in welchem Umfeld ein System, eine Gesellschaft sich befindet, sind die jeweiligen Werte hilfreich und passend oder eben nicht hilfreich und unpassend. Ohne einen Blick auf den gesellschaftlichen oder gar historischen Kontext jedoch wird eine Wertediskussion schnell zum „Glaubenskrieg“. Auch die Auffassung des jeweiligen Begriffs bedarf eines gemeinsamen Verständnisses. Denn was der einen Respekt ist, bedeutet für den anderen Anstand. Um Respekt zu leben, muss ich in der einen Gesellschaft Traditionen achten, in einer anderen sollte ich das „Gendersternchen“ nutzen. Wenn wir hier nicht präzise werden, ist der Weg vom „Doppel-Wumms“ zum „Bevölkerungsaustausch“ nicht mehr weit.

Gemeinsam formulierte und geteilte Werte tragen dazu bei, das Zusammenleben in der Gesellschaft zu regeln und Konflikte, wo möglich und nötig, zu vermeiden. Sie stellen eine Orientierungshilfe dar, die es den Menschen ermöglicht, ein sinnerfülltes Leben zu führen und dabei gleichzeitig das Wohl der Gesellschaft als Ganzes im Blick zu behalten.

Menschliche Werte, genauer gesagt die zugeschriebenen Verhaltensweisen, um diesen Wert zu leben, variieren und sind keine statischen Konzepte, sondern entwickeln sich im Laufe der Zeit weiter und passen sich den veränderten gesellschaftlichen Rahmenbedingungen an. Sie sollten daher immer wieder hinterfragt und diskutiert werden, um sicherzustellen, dass sie auch in Zukunft noch relevant und zeitgemäß sind. Der Begriff der „Nächstenliebe" erforderte in biblischen Zeiten sicherlich einen kleineren, lokaleren Aktionsradius als in den heutigen Zeiten, in denen häufig erwartet wird, dass wir die Uiguren als unsere „Nächsten" verstehen.

Werte

Werte werden bezeichnet mit Begriffen, die wir als eine „Wortmarke" verstehen können.

Wenn diese Wortmarke genannt wird, werden damit tiefere Bedeutungen, Emotionen und Gefühle in Verbindung gebracht. Theoretisch kann hier fast jedes beliebige Wort genutzt werden – entscheidend ist, an welche geteilten Erinnerungen, Emotionen oder auch Vorstellungen dieses anknüpft. „Geld" könnte somit also als Wert bezeichnet werden. Wenn wir aber nachfragen, wird zumeist deutlich, dass dahinter reale Bedürfnisse stecken, die sich stark unterscheiden können: Für die eine ist Geld ein Zeichen für Sicherheit vor Armut, andere meinen damit, ihre Kraft und Dominanz zu spüren, wieder andere sehen es als Anerkennung für geleistete Arbeit und damit als Ausdruck von „Gerechtigkeit".

Werte antworten auf die Frage: „Was ist für mich wichtig, was treibt mich voran und ist für mich anziehend?"

Ethik

Gesellschaften, Kulturen, aber auch Organisationen entwickeln häufig eine Ethik. Wenn Klarheit über das bestehen soll, was neben Gesetzen und allgemein bekannten und akzeptierten Regeln und Vorschriften gilt, braucht es ein System, auf das wir uns verständigt haben. Ethik ist eine systematisierte Form, in der Werte, Moral und Verhaltensregeln einen gemeinsamen Rahmen erhalten. Uns bekannt sind vielleicht die sogenannte christlich-abendländische Ethik und die buddhistische Ethik: In diesen Systemen haben Werte ihren Platz,

„Richtig“ und „Falsch“ sind klar definiert und Menschen wissen innerhalb der Systematik ihr Verhalten auszurichten.

Ethik antwortet auf die Frage „Was ist ein gutes Leben?“ und setzt den Rahmen für Werte, Moral und Verhalten.

Moral

Wenn die Ethik uns sagt, was ein gutes Leben ist, sagt uns die Moral, was wir tun sollen. Moral zeigt sich in unseren Sitten und Benimmbüchern und wird konkret vermittelt durch Erziehung und die allgemeine Sozialisation. Moral ist konkret und auf das Verhalten bezogen.

Moral antwortet auf die Frage: „Was soll ich tun?“

Wenn wir die drei Ebenen „Moral“, „Werte“ und „Ethik“ als Ordnungssystematik akzeptieren können, können wir auf die Frage zurückkommen, in welcher Beziehung so grundverschiedene Themenblöcke wie die folgenden stehen:

a) „Mein Haus, mein Auto, mein Boot“ oder
b) Reichtum, Wohlstand oder
c) Nächstenliebe, Respekt und Nachhaltigkeit oder
d) Freiheit, Glück und Liebe

Unser Empfinden sagt uns, dass hier sehr Unterschiedliches auf dem Tableau liegt. Manches scheint enger beieinanderzustehen als anderes, wieder anderes scheint im Gegensatz oder völlig unverbunden nebeneinanderzustehen.

Im Alltag gewöhnen wir uns leicht daran, dass mit bestimmten Begriffen konkrete Inhalte, Symbole, Gefühle oder gar unser gesamtes Lebensgefühl angesprochen werden können. Wenn Dinge stabil und einfach laufen, ist es völlig ausreichend, das zu empfinden und sich mit Freunden und Bekannten gemeinsam geborgen und orientiert zu fühlen. Ob nun „Freiheit“, „Die letzte Generation“ oder „Schalke 04“ auf einer Flagge steht: Wir empfinden Verbundenheit unter dieser „Flagge“ und es reicht, diese zu hissen, um eine Orientierung zu haben. In kritischen Situationen, speziell denen des Wandels oder radikaler Veränderungen, zeigt sich oft, wie kritisch es ist, die tatsächlich hinter den großen Begriffen stehenden Werte nicht zu kennen. So angenehm es sich anfühlen kann, gemeinsam Hymnen unter einer Flagge zu singen, so bedeutsam ist es für Situationen des Wandels, die passenden Strophen genau zu kennen und ihre Bedeutung zu verstehen.

Was bedeutet nun Werteorientierung?

„Orientierung" nennen wir die grundlegende Fähigkeit, die uns hilft, uns in bekannter und fremder Umgebung zurechtzufinden und Entscheidungen zu treffen. Diese Fähigkeit hat uns dabei geholfen, in der Natur zu überleben und unsere Umstände aktiv und zielgerichtet zu gestalten. So haben wir es weiter oben beschrieben. Wenn Menschen in Unternehmen der Überzeugung sind, dass es sich lohnt, an den Formen des Miteinanders zu arbeiten, tun sie dies nicht als Selbstzweck. Sie möchten die Umstände aktiv gestalten, unter denen sich geschäftlicher Erfolg und Freude an der Arbeit einstellen oder eben nicht. Das ist der Zweck, die Antwort auf die Frage: „Warum tun wir das?"

Klarheit über die gemeinsamen und geteilten Werte zu haben, stellt den entscheidenden Zwischenschritt dar, um die gemeinsame Ausrichtung auf der Verhaltensebene erleben zu können.

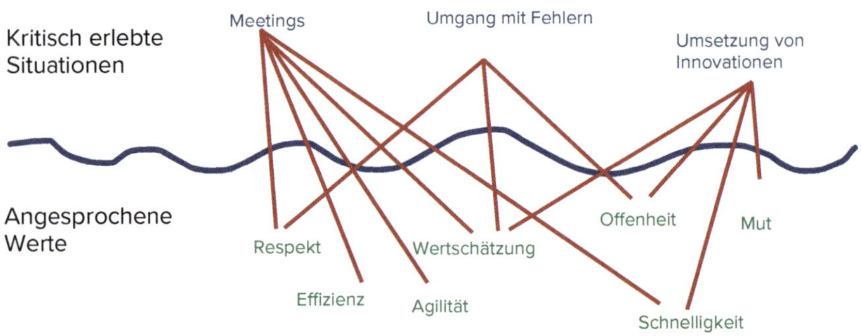

Abb. 4: Beziehung von Werten zu Erleben

Nachdem Menschen ihre geteilten Werte kennen und verstanden haben, so zeigt unsere Erfahrung, entsteht die gewünschte Klarheit und Orientierung darüber, was in der Organisation als passend oder als nicht passend vereinbart wurde, ohne jede Verhaltensweise notieren zu müssen. Für die beteiligten Menschen lässt es sich leichter benennen, welche Rahmenbedingungen als hilfreich, welche als störend erlebt werden. Ein gemeinsamer Werterahmen entsteht und schafft Bindung.

Werte und Kultur als Identität und DNA des Unternehmens

Unternehmen entwickeln und transformieren sich in einer sich verändernden Umgebung zwangsläufig. Wenn wir das selbst in Gang setzen und in eine gewünschte Richtung beeinflussen wollen, müssen Hebel identifiziert, Maßnahmen beschlossen und umgesetzt werden. Ausschließlich an Strukturen, Prozessen oder auch Incentivierungssystemen zu arbeiten, wird kaum durchschlagend etwas ändern. Direkte Versuche, hiermit umfassende Strategien umzusetzen oder einen zukunftsgerichteten Impuls zu erzeugen, scheitern oft jämmerlich.

„Culture eats strategy for breakfast"

Das markante Zitat von Peter Drucker „Culture eats strategy for breakfast" deutet darauf hin, dass das, was sich unterhalb der Oberfläche von Zahlen, Daten und Fakten befindet, eine Organisation dabei unterstützt oder hindert, große, umfassende und nachhaltige Veränderungen einzuleiten. Solche Veränderungen können nur erreicht werden, wenn ein großer Teil der Mitarbeiterinnen und Mitarbeiter mitzieht und sich als Teil des Prozesses fühlt. Eine Kultur der Stagnation, Bewahrung und der Machtkämpfe kann keine dynamische, proaktive und glückliche Arbeitsumgebung schaffen. Wenn es kein gemeinsames Ziel gibt, kein „Warum", kein „Wozu?", das spürbar und greifbar ist, ist Zusammenarbeit nur eine notwendige Verrichtung. Simon Sinek gibt mit seiner Forderung „Start With Why" den passenden Appell.

Frustration, Widerstand, Gleichgültigkeit und andere negative Einstellungen sind häufige Symptome bei vielen Veränderungsprojekten. Mehr Druck oder warme Worte können manchmal eine totale Blockade verhindern, aber letztendlich reparieren wir ausschließlich das, was von Anfang an nur mäßig für die Mitarbeiterinnen und Mitarbeiter geeignet war. Kultur, wie von P. Drucker benannt, scheint der größere und mächtigere Faktor zu sein.

Wenn wir den Begriff Kultur zu abstrakt oder zu beiläufig verwenden, dann scheint das Zitat von P. Drucker das Schicksal von Veränderungsprojekten zu besiegeln: „Entweder passt eine Veränderung in eine Kultur oder nicht. Wenn sie passt, kann sie erfolgreich sein, wenn nicht, wird sie scheitern." Wenn unsere Definition des Begriffs Transformation jedoch konsistent ist, bedeutet dies Folgendes:

Transformationen sind Veränderungen im Laufe der Zeit, die nur von Menschen beeinflusst werden können, wenn die Richtung und die Bereitschaft zur

Veränderung bereits in der Kultur verankert oder angelegt sind. Andernfalls verändern sich die Dinge im Laufe der Zeit, so wie der Wind und die Gezeiten die Formen einer Küstenlandschaft prägen ...

Wir verstehen Unternehmenskultur als etwas Veränderbares: Regeln des Zusammenlebens, Rituale, Gewohnheiten, Systeme und Prozesse, Symbole und eingespielte Verhaltensweisen sind Ausdruck von Kultur; unser tägliches Verhalten und unser gemeinsames Wollen aber sind in der Lage, hier Neues und anderes wachsen zu lassen. Werte sind der Hebel, sind so etwas wie die DNA eines Unternehmens. Sie sind der Kern einer Kultur, sie sind das, womit Menschen sich entweder verbunden fühlen oder wovon sie sich abwenden.

Wenn wir als Berater mit Menschen in Betrieben sprechen und sie fragen: „Was ist für dich das Wesentliche, was deinen Arbeitgeber von einem vergleichbaren Unternehmen der gleichen Branche unterscheidet?", nehmen Menschen zumeist nicht Bezug zu Geschäftsergebnissen, einzelnen Produkten, den markigen Aussagen von Werbeprospekten oder der Ausstattung der Produktionsstätten. Meist werden Sachverhalte aus dem Miteinander im Kollegium, werden Bedürfnisse und Aussagen mit unmittelbarem Bezug zu eigenen Werten benannt: „Ich fühl mich hier gut, weil wir als Buchhaltung ein super Team sind!" oder „Die Arbeit hier zeigt mir, dass es sich lohnt, sich anzustrengen" oder auch „Ich mache diesen Job, weil ich hier sicher bin, meine Kinder versorgen zu können." Gemeinschaft, Leistung oder Sicherheit sind häufig Aspekte, die für einzelne Einheiten oder gesamte Unternehmen sehr große Bedeutung haben, für andere wiederum nur eine untergeordnete Rolle spielen.

Seit vielen Jahren sind wir als Berater unterwegs. Um die Bereitschaft, die Offenheit von Unternehmen für Transformationsprozesse zu erkunden, haben wir Tausende Interviews geführt. Was dabei deutlich wurde: In Teilbereichen von Unternehmen, manchmal auch in größeren Einheiten oder gesamten Unternehmungen, gab es große Ähnlichkeiten, die wir eine Zeit lang intuitiv mit „Kultur" oder „Identität" bezeichneten. Diese Begriffe gaben uns aber keinen Hebel, um in Transformationsprozessen anzupacken. Sie wirkten diffus und nicht entschlüsselbar: „Was für eine ‚Kultur' finden wir in Abteilung A, was unterscheidet sie von der in Abteilung B?"; „Was ist die ‚Identität' dieses kraftvoll und fröhlich wirkenden Start-ups aus Hamburg im Unterschied zu der des altertümlich-autoritär geführten Familienunternehmens im Badischen?" Viele der Aussagen aus der Mitarbeiterschaft deuteten auf „Werte" hin, ohne dass wir hier Aspekte gut sammeln, sortieren und systematisch ordnen konnten. Wie können wir das scheinbar Ungreifbare sichtbar machen? Wie können wir die Qualitäten des Spezifischen, des Innenlebens von Organisationen systematisch abbilden, vergleichen und somit besser verstehen?

Als Analogie zu unserem Erkenntnisinteresse wurden wir an die Neugier der Forschenden erinnert, die eine Struktur unseres genetischen Materials entdecken wollten. Neben neuen Untersuchungsmethoden und Analysewerkzeugen wurde von Forschenden ein Verständnis entwickelt, das die komplexe Struktur unseres genetischen Materials in eine Sequenz zerlegt und einzelne Aminosäuren als Bausteine des Gencodes verstanden wurden.

Faszinierend ... Etwas Komplexes in kleinste Teile zerlegen und dann eine je spezifische Kombination einzelner Elemente als Sequenz abzubilden, um sie dann verstehen und vergleichen zu können ... Wenn es uns gelingen könnte, dies für das Innenleben der Unternehmen zu leisten, also Kultur und Identität mit einzelnen Bausteinen beschreiben zu können, dann wäre viel gewonnen.

Was könnten diese Bausteine sein? Die offiziell verlauteten sogenannten Unternehmenswerte, die über das Unternehmensmarketing, die in den Aktionärsbroschüren und in den „Town-Hall-Meetings“ von CEOs in Deutschland vermittelt werden, wirken seltsam gleichförmig: Kaum unterscheidbar werden – je nach Branche und Marktzugehörigkeit des Unternehmens – die immer gleichen Beschreibungen veröffentlicht:

Wer nicht „Respekt“, „Integrität“, „Nachhaltigkeit“, „verantwortungsvoll“ oder „Kundenorientierung“ in den Top Drei seiner Unternehmenswerte führt, scheint keinen Platz unter den Spitzenunternehmen zu haben. Wenn wir uns die Unternehmen – und das, was Mitarbeiter über die gelebten Werte in den Unternehmen sagen – betrachten, so wird deutlich, dass unterhalb dieser Begriffe sehr Verschiedenes zu finden ist. Bei Unternehmen des Mittelstands ist ebenfalls deutlich, dass die Gleichförmigkeit der bekundeten Werte-Statements sich kaum von denen der DAX-Konzerne unterscheidet: Auch hier stehen „Kundenorientierung“ und „Verantwortung“ weit oben, „Nachhaltigkeit“ ein wenig weiter hinten, dafür ist „Innovation“ weiter vorn platziert.

In Gesprächen mit Mitarbeiterinnen und Mitarbeitern wird deutlich, dass die erlebte Kultur, das tatsächliche Miteinander, oft andere Kernwerte zeigt, als die in den offiziellen Broschüren genannten.

Wir sollten uns klar darüber sein: Die kommunizierten Unternehmenswerte sind häufig Marketing-Werkzeuge der Unternehmensleitung nach innen und nach außen. Die gewählten Begriffe sind zunächst nur Überschriften in dem Versuch, nach außen und / oder innen Identität und Gemeinschaft zu stiften. Tatsächliche im Unternehmen wirksame und für die Mitarbeiterschaft spürbare Unternehmenswerte sind aber mehr als Überschriften. Diese mit Leben zu füllen und spürbar in der Unternehmensrealität erfahrbar zu machen, ist eine Aufgabe, die Zeit, viel Diskurs, nachhaltige und systematische Herangehensweise erfordert.

Von Lennard zum Mitmachen beim Veränderungsprozess eingeladen worden zu sein, war für Max und Fiona eine Überraschung gewesen. Ein erstes Meeting, um gemeinsam einen Hebel zum Anpacken zu finden, begann zuerst einmal so, wie sie es kannten: Anwesend waren Lina, Lennard, zusätzlich Maria Schneider, die als Assistentin der GL als Energiebündel alle zusammengetrommelt hatte, Martha Siegler als HR-Vertreterin und Nick Anders, der für die Kommunikation in der Initiative die Verantwortung übernehmen wollte, sowie „Herr Karl Benzer", der mit einer Initiative, für die es weder einen Namen noch klare Kennzahlen gab, ein wenig zu fremdeln schien. Er hob an: „Unsere Unternehmenswerte sind Tradition. Ich bin dafür, diese von Nick aufschreiben zu lassen, und Lennard und Lina sollten dann ergänzen, was ihnen sinnvoll erscheint." Sehr zum Erstaunen von Fiona und Max stimmten dieses Mal nicht alle einfach zu, sondern Lina bezog klar eine ganz andere Position: „Lieber Karl, wir schätzen dich mit all dem, was du vertrittst und auch verkörperst. Und wir werden vieles davon in die Zukunft mitnehmen. In den letzten Tagen haben Lennard und ich viel diskutiert, gelernt und auch recherchiert. Zudem haben wir von unseren Azubis ein paar ganz neue Impulse erhalten: Wir möchten eine Initiative aufsetzen, in der wir gemeinsam genauer verstehen, was ‚Werte' sind, welche uns tragen und welche wir für die Zukunft leben wollen. Ich habe von etwas sehr Interessantem gelesen. Etwas, wo unsere Werte und auch die Freude am Miteinander schon im Namen liegen: Ein paar befreundete Berater haben mir vorgeschlagen, eine ‚ValueParty' bei uns im Unternehmen anzugehen. Lasst uns gemeinsam zuerst einmal verstehen, was das ist. Wir hier im Raum sind eine sehr gute Mischung: Menschen aus unterschiedlichen Abteilungen, unterschiedlichen Hierarchiestufen, mit unterschiedlichem Geschlecht, Alter und Erfahrungshintergrund. Lasst uns ab jetzt das ‚Kernteam' unseres Veränderungsprozesses sein und gemeinsam verstehen, worauf es dabei ankommt."

4. VALUEPARTY – WERTEBASIERTE TRANSFORMATION

Die ValueParty – was ist das?

Wenn sich Unternehmen auf den Weg machen und sich dem Thema „Werte und Kultur" stellen wollen, gibt es sicherlich viele Wege.

Der in den 1990er- und 2000er-Jahren im deutschsprachigen Raum von Unternehmen gewählte Weg war der klassische „Top-down-Ansatz". Doch wie sah dieser Weg aus? Es gab zu jener Zeit kaum Unternehmen, die das Thema „Unternehmenskultur" als einen singulären, für sie relevanten Erfolgsfaktor benannt hätten. Abgeleitet von einer Vision, also einem langfristigen, attraktiven Bild der Zukunft, das für die Mitarbeitenden als anziehend zu gelten hatte, wurde eine sogenannte Mission formuliert. „In fünf Jahren wollen wir da und dort sein und folgenden Nutzen für unsere Kunden stiften." Um dieses durch das Management vorgegebene Zielbild zu erreichen, wurde eine Strategie formuliert, die dann in Jahres- und Quartalszielen operationalisiert wurde. Die Frage stand im Vordergrund, was es im jeweiligen Quartal bzw. Jahr zu erreichen galt. Das Erreichte musste auf die Ziele „einzahlen", also einen messbaren Beitrag leisten. Eine „Balanced Scorecard" und dazugehörige „Meilensteinpläne" galten als die Steuerungsinstrumente der Wahl. All dies wurde in der Regel basierend auf einer „Umfeld-Analyse" erarbeitet. Der Begriff „Umfeld" bezog sich jedoch ausschließlich auf „den Markt", „den Wettbewerb" und die wahrgenommenen „(Mega-)Trends". „Trends", das bedeutete: „Dieses Thema müssen wir im Blick behalten und zu gegebener Zeit werden wir hier aktiv." Als Megatrends galten bis in die 2010er-Jahre noch Themen wie „Digitalisierung" und „demografischer Wandel", obwohl beide „Trends" schon massiv die Unternehmensrealitäten prägten. „Nachhaltigkeit" und „Arbeitgeberattraktivität" haben in der Unternehmensrealität erstaunlicherweise erst am Ende der 2010er-Jahre den Status des „Trends" erhalten.

Um Mitarbeitende für diesen Prozess motivierend anzusprechen und den Kulturbegriff nicht zu vernachlässigen, wurden die dazugehörigen „Kernwerte" formuliert. Wohlgemerkt geschah auch dies in der Regel im Managementkreis. Es wurden Begrifflichkeiten gewählt, die in Managementklausuren, nach einem Brainstorming-Prozess, als passend und motivierend galten. „Kundenorientierung", „Effizienz", „Innovation" und „Profitabilität" fanden sich in jeder zweiten

Präsentation wieder, die wir als berliner team zur Vorbereitung einer Managementklausur zugesandt bekamen.

Wohlgemerkt, „die Mitarbeiter" waren, mit wenigen Ausnahmen, bis zu diesem Zeitpunkt nicht in diesen Prozess eingebunden. „Herr Grätsch, wir müssen und wollen unseren Mitarbeitern Orientierung geben. Um den Herausforderungen der nächsten Jahre gerecht werden zu können, wollen wir uns neu aufstellen. Vision, Mission, Werte und Strategie sind bereits erarbeitet. Nun wollen wir alle Kollegen abholen, denn wir brauchen jeden Einzelnen. Die zweite Führungsebene hat den klaren Auftrag zur Umsetzung der Unternehmensstrategie. Bitte unterbreiten Sie uns ein Angebot zur Begleitung des Prozesses." So oder ähnlich lauteten Anfragen, die uns als berliner team in jener Zeit erreichten. Vieles konnte auf diesem Weg geschafft werden, häufig ging „ein Ruck" durch die Unternehmen, jedoch nur für einige Monate. Die sich verändernde Realität holte Unternehmen und Menschen binnen kurzer Zeit wieder ein. Wie ganz zu Beginn geschildert, egal ob Dotcom-Blase, Immobilienkrise in den Vereinigten Staaten, Finanzmarktkrise, Eurokrise, der Nuklear-Unfall in Fukushima, die sogenannte Flüchtlingskrise, die Covid-Pandemie oder der furchtbare Ukraine-Krieg: In diesem Jahrhundert gab es noch keine Phase, in der eine durch das Management formulierte Fünf-Jahres-Strategie länger als zwei Jahre Bestand hatte. Dies ist auf keinen Fall als Vorwurf zu verstehen, sondern wirft eher die Frage auf: Wie können wir in dieser „VUCA-Welt" ohne eine Glaskugel für Orientierung sorgen?

Dass die bis dahin beschrittenen Wege so nicht Erfolg versprechend sein können, das sagt Dir wahrscheinlich Dein Bauchgefühl … aber wie stattdessen? Jetzt ist also der Moment gekommen, an dem wir Dir stolz unsere ValueParty präsentieren möchten.

Die ValueParty ist ein auf dem Graves-Value-System basierender Prozess zur wertebasierten Transformation in Unternehmen, der sicherstellt, dass die künftige Kultur auf Basis der Bedürfnisse der Menschen und der Notwendigkeiten des Unternehmens definiert wird.

Sie startet damit, dass möglichst viele Menschen in die Erhebung des „ValueParty-Werteprofils" eingebunden werden. Mit dieser Erhebung werden die wichtigsten Veränderungsimpulse in Bezug auf die Bedürfnisse der Mitarbeitenden, die derzeitig dominierenden Werte im Alltag sowie der künftigen Herausforderungen für die Organisation benannt. Veränderungsprojekte für den Kulturwandel werden gestartet und vorangetrieben. Der Prozess endet damit, dass die Transformationsthemen, -strukturen und -projekte in den Alltag integriert werden und die Nachhaltigkeit der Veränderungen sichergestellt wird.

Welche „Art" der Kultur brauchen wir?

Lange haben wir nach einer Möglichkeit gesucht, Veränderung auf Kulturebene nicht beliebig, sondern gezielt auf Basis von Notwendigkeiten und Bedürfnissen einer Organisation anzugehen. Was könnte also ein Maßstab sein, um die Kultur zu bestimmen, die ein Unternehmen in Zukunft braucht? Was sind die Bausteine, mit der wir die Vielfalt möglicher „Kulturen" beschreiben können? Wie können wir uns der DNA der Organisation nähern?

Die Dimensionen der gewünschten und geforderten Kultur sollten nicht der Genialität einer Managerversammlung oder dem Einfallsreichtum einer Marketingagentur entspringen. Wer mit und für Menschen eine Kultur gestalten will, braucht mehr als einen Verdacht, was die Menschen bewegt und was für sie bedeutsam ist.

Hilfreich und notwendig ist es, wenn wir den Kern der Identität, das Besondere genau des einen Unternehmens, genau der Menschen, aufnehmen und dann gemeinsam eine Zielkultur abstimmen, die das Unternehmen weiterbringt und die von den Mitarbeitenden getragen wird. Dass wir mit einem Kicker im Foyer, weißen Sneakers für alle und einem Krawattenverbot nicht erfolgreich sein würden, ist allen nach kurzem Nachdenken klar.

Noch mal auf den Punkt: Eine Unternehmenskultur ist dann hilfreich, wenn sich die Menschen in der Organisation damit wohlfühlen und wenn sie gleichzeitig die Grundlagen legt, um den Herausforderungen in der Umwelt heute und in der absehbaren Zukunft gewachsen zu sein.

Um Veränderungsziele abzuleiten, brauchen wir also die folgenden drei Dimensionen:

- Welche Werte haben die Menschen in der Organisation?
- Welche Werte werden aktuell in der Organisation gelebt?
- Welche Werte braucht die Organisation, um heutigen und künftigen Herausforderungen gewachsen zu sein?

Mit dem „ValueParty-Werteprofil" erheben wir genau diese drei Dimensionen auf Basis des Graves-Value-Systems mit möglichst vielen der Mitarbeitenden. Wir leiten daraus die Veränderungsziele für die Organisation ab. Damit stellen wir sicher, dass die Menschen im Prozess gehört werden, die am besten wissen,

wie die Kultur gerade gelebt wird und was das Unternehmen für die Zukunft braucht.

In der Versandabteilung der Lenter GmbH zum Beispiel wird viel über die Art des Miteinanders gesprochen. Immer wieder wurden Entscheidungen streng nach Vorschrift getroffen, obwohl diese nicht zu der aktuellen Situation oder zu den Bedürfnissen des Kunden passten. Auch wurden diese Entscheidungen von Führungskräften möglichst weit oben in der Hierarchie gefällt. Und letztlich war es oft Karl, der – mit seinen Erfahrungen der Vergangenheit und seinem Wissen – aus der Disposition heraus klare Ansagen machte, er müsse die Qualität IMMER mit einem Blick auf die ausgedruckten Listen sicherstellen.

Er wusste durchaus, dass er so zum „Flaschenhals" wurde, die Belastung für ihn war enorm und die Stapel von Dokumenten auf seinem Schreibtisch wuchsen beständig ... und das trotz seines immensen Überstundenkontos.

Niemand wagte es, Karls Vorgehensweise zu hinterfragen. Schließlich wussten alle, dass er immer vollen Einsatz im Sinne der Lieferqualität brachte. Junge Kolleginnen, die frisch aus dem Studium kommend gute Ideen und Werkzeuge zur Prozessoptimierung mitgebracht hatten, waren mittlerweile fast vollständig verstummt und hatten in den „Verrichtungsmodus" umgeschaltet: „Dienst nach Vorschrift" mit Liebe zum Unternehmen.

Dieses Miteinander machte das Unternehmen langsam, unflexibel und nur wenig kundenorientiert. Die meisten Mitarbeitenden spürten, dass etwas nicht rund lief. In Gesprächen in der Kaffeeküche unterhielt man sich genervt über diese und jene Situation.

Doch wie ließ sich dieses Bauchgefühl so auf den Punkt bringen, dass man damit arbeiten konnte? Es brauchte etwas, das einen nüchternen Blick auf das so sensible Thema „Werte" ermöglicht ... Die ValueParty, diesen Ansatz der Berliner Berater, hatten sie im Kernteam schon erklärt. Jetzt ging es darum, das dahinterliegende Modell gemeinsam zu verstehen.

Lina hatte auf einer Fortbildung in Berlin vor einigen Wochen das Graves-Modell kennengelernt, das Basis der Vorgehensweise der ValueParty ist: „Werte" nicht nur als emotional bedeutsam und handlungsleitend zu betrachten, sondern Werte und Kulturentwicklung als ein Feld zu sehen, das gemeinsam zu verstehen ist und sogar methodisch untersucht werden kann. Werte als etwas, das von klugen Menschen wie Abraham Maslow und insbesondere Clare Graves als bedeutsamer Teil der menschlichen Entwicklung erkannt und systematisch beschrieben wurde. Bei einem Treffen ein paar Tage später zeigte sie den Kolleginnen das Grundsätzliche, um mit den Kernbegriffen sicher umgehen zu können.

Das „Graves-Value-System" verstehen

Bevor wir beschreiben, wie das ValueParty-Werteprofil, das den Ausgangspunkt für eine wertebasierte Transformation bildet, konkret erhoben wird und wie es aussieht, möchten wir Dir hier zunächst mal den Hintergrund des Modells – des Graves-Value-Systems (GVS) – erläutern.

Entwickelt wurde das Graves-Value-System von Clare W. Graves (1914–1986), einem US-amerikanischen Psychologen und Kollegen von Abraham Maslow, der grundsätzliche Prinzipien menschlicher Motivation in seiner humanistischen Psychologie untersuchte.

Maslow stellte eine Hierarchie und eine Entwicklungslogik vor, mit der er motivationale Unterschiedlichkeit von Individuen in einen damals neuen Rahmen stellte.

Clare Graves entwickelte im Anschluss an das Modell von Maslow eine Erkenntnismethode und ein Entwicklungsmodell für Kulturen, Gesellschaften, Organisationen und Kollektive im Allgemeinen.

Seit den 1950er-Jahren forschte er intensiv über die menschliche Entwicklung und die Struktur von Veränderungen im Selbstverständnis der Menschen. Traditionelle Modelle der Persönlichkeitsentwicklung empfand er als nicht ausreichend, um die komplexen Veränderungen im Verhalten und in der Einstellung der Menschen zu erklären. Seine eigenen Forschungen waren von der Idee geprägt, dass sich die menschliche Entwicklung in Schüben vollzieht, die durch sich ändernde Werte und Überzeugungen ausgelöst werden.

Die Maslow'sche Bedürfnispyramide stellte einen wichtigen Ausgangspunkt für seine Arbeit dar, er war jedoch der Ansicht, dass es ein Modell braucht, das sehr viel klarer die dynamischen Veränderungen der Menschen über die Zeit abbildet.

Graves war der Auffassung, dass Menschen in ihrem Leben durch verschiedene Phasen und Ebenen der Komplexität und des Bewusstseins gehen. Jede dieser Ebenen ist nach Graves gekennzeichnet durch ein bestimmtes Wertesystem. Diese Wertesysteme nannte er Meme.

Das Besondere nach Graves ist, dass Menschen aus einem bestimmten Wertesystem heraus ihre Umgebung und ihre Erfahrungen anders wahrnehmen und darauf reagieren als aus einem anderen Wertesystem heraus.

Don Beck war in den 1970er-Jahren begeisterter Schüler von Clare Graves an der Universität von Texas. Er arbeitete mit ihm gemeinsam an einer Reihe von Projekten, bei denen es darum ging, wie sich das Graves-Value-System auf Organisationen anwenden ließe. Gemeinsam mit Chris Cowan entwickelte er später das Modell weiter und veröffentlichte es erstmals 1996 im Buch „Spiral Dynamics".

Wir nutzen das Graves-Value-System oder auch die Weiterentwicklung, das Spiral-Dynamics-Modell, als ein strukturiertes Erklärungsmodell zur Beschreibung von Kultur und Werten in Systemen, um diese Kultur und Werte sichtbar und damit miteinander besprechbar zu machen.

In der folgenden Abbildung siehst Du die unterschiedlichen Ebenen, auch Wertesysteme oder Meme genannt.

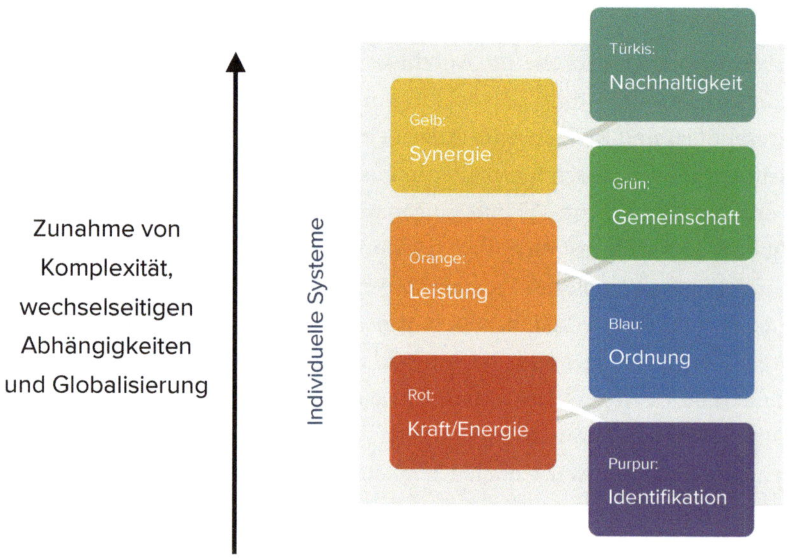

Abb. 5: Die Wertesysteme

Ein „Wertesystem“ oder auch „Mem“ stellt einen in sich schlüssigen Denkrahmen dar, aus dem heraus Bewertungen vorgenommen und Entscheidungen getroffen werden. Diese „Meme“ bestehen aus Glaubenssätzen in Bezug auf die Welt, aus Grundhaltungen und zusammengehörigen Werten.

Graves und später Beck und Cohen haben neun Wertesysteme beschrieben, wobei wir das älteste Mem (beige: Überleben) und das jüngste Meme (koralle) hier nicht weiter erwähnen, weil beide für die Arbeit mit Organisationen so gut wie keine Bedeutung haben. Das beige Mem „Überleben“ finden wir heute nur in Ausnahmesituationen wie bei Katastrophen oder bei Menschen mit manifester Drogenabhängigkeit. Für die Alltagsarbeit in Unternehmen sind diese beiden Wertesysteme nur selten relevant.

Das Mem, dem die Farbe Koralle zugeschrieben wird, ist auch nach vielen Jahren immer noch nicht so bedeutsam, dass es sich als unverzichtbar in Unternehmen abbildet. Auch dieses Mem nehmen wir vorerst aus unseren Betrachtungen heraus.

Du siehst in der Grafik also die sieben Meme, die wir für die Beschreibung der Unternehmenskultur verwenden. Die Bezeichnungen der Meme sind Oberbegriffe, so wie das Etikett „Geschirr“ auf einem der Umzugskartons. Hinter jedem der Begriffe steht eine Vielzahl von Werthaltungen und Glaubenssätzen, die das Mem ausmachen und die wir messen, um die Bedeutung des jeweiligen Mems für die Organisation zu erfassen. Die jeweils 16 Werte unter der Überschrift eines Mems haben wir neben einem griffigen Titel jeweils operationalisiert, also formuliert, was wir als Verständnis der einzelnen Werte innerhalb dieses Mems vorschlagen. (Siehe Anhang, Kapitel 11)

Die Grafik zeigt die älteren Meme unten und die neueren oben. Die „individuellen Wertesysteme“ sind links und die „kollektiven Wertesysteme“ sind rechts aufgeführt.

Wie sind die Meme entstanden? In den letzten 100.000 Jahren hat sich – nach Graves – ein Mem nach dem anderen entwickelt. Das heißt, dass für Menschen zu unterschiedlichen Zeiten unterschiedliche Dinge bedeutsam waren. Entwickelte sich die Umwelt, so veränderten sich die Bedürfnisse und damit auch die zentralen Werte der Menschen. Die Entstehung dieser Wertesysteme lässt sich damit erklären, dass bei neuen oder komplexeren Anforderungen (in der Grafik zum Beispiel durch Zunahme an Komplexität und wechselseitigen Abhängigkeiten erklärt) das bisherige passende Mem an seine Grenzen stieß und nicht mehr ausreichend war, um diese Herausforderungen zu bewältigen. Menschen kamen mit dem alten Verhalten und den alten Denkmustern nicht mehr klar: neue Situation – neue Anforderungen – neue Bedürfnisse – neue Werte. Neue Meme entwickelten sich jeweils, nachdem in einer Krise die Muster der Welterklärung und die Bewältigungsstrategien nicht mehr funktional und hilfreich waren.

So gab es Zeiten, in denen körperliche Stärke und Dominanz wichtige Werte waren: In einer Welt, in der der Schwache wenig Schutz erfährt, ist es von Vorteil, stärker oder dominanter zu sein. In der heutigen Zeit braucht es stattdessen weniger körperliche Überlegenheit, sondern zum Beispiel die Fähigkeit, mit anderen zu kooperieren oder geistig flexibel zu sein, um in der aktuellen Welt Erfolg zu haben.

Keines der Meme ist demnach besser oder schlechter als ein anderes. Ein Mem ist nur gut oder weniger gut dafür geeignet, sich erfolgreich innerhalb der jeweils vorhandenen äußeren Umstände, also der Umwelt einer Person oder eines Systems, zu verhalten.

In seinem Leben durchläuft ein Mensch die verschiedenen Meme. Kinder, die fremdeln und sich nur bei ihren Eltern wohlfühlen, befinden sich beispielsweise im purpurnen Mem. In der Trotzphase leben sie das rote Mem und kämpfen um Einflussnahme und ihre Position. Auch Unternehmen in den unterschiedlichen Phasen von der Gründung über eine Wachstumsphase bis hin zu Krisen durchlaufen häufig die jeweiligen Meme.

Wenn wir nachfolgend beschreiben, wie sich neue Meme über den Zeitablauf entwickelt haben, ist wichtig zu wissen: Die älteren Meme sind deshalb nicht verschwunden, sie bestehen weiter und sind auch heute noch in manchen Systemen oder Situationen vorherrschend. Ähnlich wie bei einer Matrjoschka-Puppe („Puppe in der Puppe in der Puppe“) bleiben die bisherigen Meme auch im Inneren eines Menschen oder eines Systems wie Schichten bestehen und können bei Bedarf – wenn die Situation es erfordert – die Oberhand gewinnen. Man „lebt“ nicht in nur einem Mem; man trägt Anteile unterschiedlicher Wertesysteme mehr oder weniger in sich. Demnach bildet ein Werteprofil nicht ab, IN WELCHEM Wertesystem der Mensch oder die Organisation sich gerade befinden, sondern WIE VIEL von jedem Mem vorhanden ist. Je nach Situation (z. B. Arbeit, Sport, Partnerschaft …) kann es auch unterschiedlich sein, in welchem Mem wir uns gerade bewegen, sodass sich daraus für jeden Menschen oder jede Organisation für jeden Kontext ein ganz eigenes Werteprofil ergeben kann. Dies lässt sich mithilfe des ValueParty-Werteprofils ermitteln. Wie genau, das erfährst Du in Kapitel 6 (Wertewandel in zehn Schritten).

Die sieben Wertesysteme

Im Folgenden stellen wir Dir hier die sieben Wertesysteme aus der Grafik vor und starten mit dem ältesten:

Purpur: Identifikation

„Die Gruppe ist alles, der Einzelne nichts. Individualität ist mit Scham besetzt."

Vor ca. 50.000 Jahren ist dieses purpurne Mem entstanden. Mit ihren Stürmen und Naturereignissen, Krankheiten und wilden Tieren war die Welt schwer beherrschbar. Vieles schien den Menschen unberechenbar, unverständlich und wenig beeinflussbar. Indem sie sich zu Gruppen oder Stämmen zusammentaten, konnten sie dieser übermächtigen Umwelt besser trotzen. Unerklärliche Ereignisse versuchte man mithilfe von Zaubern, Mythen und Sagen zu erklären und mit gemeinsamen Ritualen zu begegnen. Traditionen boten Sicherheit; Seniorität und Respekt den Erfahrenen gegenüber halfen, die Gruppe zusammenzuhalten. Um dies zu bewahren, war das Individuum unbedeutend. Der Einzelne ordnete sich dem Ganzen unter und war stolz, ein Teil davon zu sein.

Wir finden dieses Mem heute noch in traditionellen Familienunternehmen, die von einem Patriarchen geführt werden. Dieser bestimmt, wo es langgeht, die anderen ordnen sich unter. Wer zur Familie gehört oder schon lange dabei ist, hat mehr zu sagen als andere. Niemand widerspricht dem Oberhaupt – die empfundene Geborgenheit darüber, dass einer die Verantwortung trägt und entscheidet, wird von den Mitarbeitenden geschätzt.

Das Mem kam an seine Grenzen, als das Gefühl von Sicherheit und Sattheit ausreichend war, um zu erkennen: Es gibt noch mehr, noch anderes und andere außer uns auf dieser Welt. Einzelne erhoben sich, um für ihre Bedürfnisse einzutreten. Kämpfe um Einfluss und Territorien begannen und das rote Mem entstand.

Rot: Kraft / Energie

„Der Stärkere gewinnt. Ich kann, also darf ich auch." Kränkungen des Egos erscheinen als große Gefahr.

Der Ursprung des roten Mems wird etwa 7000 v. Chr. angesiedelt. In dieser Zeit begannen die Menschen, sich von Jägern und Sammlern zu sesshaften Gemeinschaften zu entwickeln. Ackerbau und Viehzucht führten dazu, dass es dauerhafte Siedlungen gab, dass Menschen Häuser und Äcker besaßen und damit „Mein“ und „Dein“, also Besitz und Eigentum, eine Rolle spielten. In den Menschen erwachte ein Gefühl für das eigene Ego und sie begannen, die eigene Rolle im Stamm zu hinterfragen, und entwickelten Ehrgeiz, mehr zu erreichen.

Im roten Mem, das auch „Eroberer-Mem“ genannt wird, haben Menschen die Gebote und Tabus der purpurnen Stammesstufe satt. Sie erkennen diese nicht mehr an, sondern treten in den Kampf um Kontrolle und Macht. Es gilt das Gebot der Stärke. Widersacher werden ohne Skrupel aus dem Weg geräumt, um Einfluss zu gewinnen. Wer „oben“ ist, gestaltet die Regeln, kann sich impulsive Entscheidungen leisten und sorgt dafür, dass das Umfeld gehorcht. „Wer nicht für mich ist, ist gegen mich“, ist ein Motto. Es gibt klare Rangordnungen, die notfalls mit Gewalt durchgesetzt werden. In der Serie „Game of Thrones“ wird dieses Mem mit seinen Intrigen, Eroberungen und Machtkämpfen sehr gut veranschaulicht.

Das rote Mem ist auch heute noch stark ausgeprägt in mafiosen Gangstrukturen und Drogenkartellen. In Organisationen finden wir es, wenn durch Umstrukturierung oder Machtvakuum Regeln außer Kraft gesetzt sind und der persönliche Kampf Einzelner um Macht und Einfluss die Kultur beherrscht. Ellenbogenmentalität und Willkür prägen solche Situationen und sorgen oft bei denen, die „unten“ sind, für ein Gefühl von Hilflosigkeit und Ungerechtigkeit.

Aus der Erkenntnis heraus, dass das barbarische Abschlachten und das Recht des Stärkeren überwunden werden müssen, um das Zusammenleben zu organisieren, entstand das blaue Mem mit seinen Regeln und Strukturen.

Blau: Ordnung

„Regeln und Vorgaben sind einzuhalten und werden nicht hinterfragt. Die Frage nach der Schuld hat Bedeutung.“

Die Antike in der Zeit zwischen 800 v. Chr. und 500 n. Chr. wurde von der wachsenden Bedeutung monotheistischer Religionen mit ihren Regeln und Geboten, wie dem Judentum und dem Christentum, geprägt. Der islamische Glaube entstand gut 100 Jahre später, darf hier jedoch hinzugezählt werden. Diese Religionen legten dem Menschen mit ihrer jeweiligen Sittenlehre eine höhere Ordnung auf, die der Regellosigkeit des roten Mems entgegentrat. Die Gesellschaften in dieser Zeit waren von Stadtstaaten und kleineren oder größeren Imperien geprägt, die komplexe Regierungssysteme und Rechtsordnungen entwickelt hatten, um das Miteinander in eine stabile Ordnung zu bringen.

Das blaue Mem setzt auf strikte Einhaltung von Werten und Normen und beruht auf der Loyalität des Einzelnen zur Gemeinschaft und zu einer höheren Autorität. Ordnung und Struktur bieten Klarheit. Es gibt ein eindeutiges „Richtig" und „Falsch" und es gilt, sich diszipliniert an die Regeln zu halten und keine Fehler zu machen, um in ferner Zukunft belohnt zu werden. Wenn dies gewährleistet ist, sind Sicherheit und Planbarkeit gegeben und das System funktioniert. Der Sinn der Regeln wird nicht infrage gestellt.

Heute finden wir dieses Mem häufig in Behörden oder anderen bürokratisch geprägten Organisationen. Auch in stark regulierten Abteilungen/Bereichen/Branchen, in denen Menschen die geltenden Regeln befolgen und den Sinn dahinter nicht (mehr) hinterfragen, spüren wir den Geist des blauen Mems.

Der Übergang vom blauen in das orange Mem geschah mit zunehmender Bedeutung von Handel, Industrie und Wissenschaft. Das strikte Vorgehen nach Vorschrift, ganz gleich, ob es zu der Situation passt oder nicht, behinderte den Fortschritt und den individuellen Erfolg. Tugendhaftigkeit und das Warten auf eine Belohnung im Jenseits leuchteten vielen nicht mehr ein. Im Protestantismus gelten Erfolg und Wohlstand als Zeichen des „Gottesgnadentums"; der Aufstieg von Bürgertum und Städten fand hier auch seine spirituelle Förderung. Der sich entwickelnde Liberalismus entwickelt hieran anschließend auch sein philosophisches Fundament.

Orange: Leistung

„Wer viel leistet, erhält viel Belohnung. Das Individuum mit seinen Fähigkeiten steht im Zentrum."

Erst seit der Zeit der Aufklärung ab ca. 1700 breitete sich das orange Mem aus. Man gab sich nicht mehr mit religiösen Erklärungen und Belohnungen im Jenseits zufrieden, sondern suchte nach Deutungsmöglichkeiten und Erfolgen in der hiesigen Welt. Mit dem Fortschritt in Wissenschaft, Technologie und Philosophie wurden traditionelle Autoritäten und Hierarchien zunehmend hinterfragt und es entstand ein stärkerer Fokus auf individuelle Freiheit und Autonomie. Mit der industriellen Revolution, der Zunahme an Bildung und Technologie sowie der Entwicklung des Kapitalismus wurden persönliche Leistung und das Streben nach Erfolg wichtig für den Einzelnen. Die protestantische Leistungsethik kann hierzu fast wie ein Playbook gelesen werden.

Das orange Mem ist das vorherrschende in der kapitalistischen Welt. Es gilt, individuelle Ziele zu haben und diese zu erreichen. Dafür gibt es Wohlstand, Anerkennung und Status. Wer mit seiner Leistung die Konkurrenz überflügelt, hat Auszeichnung und Geld verdient. An Statussymbolen wird oft festgemacht, wer in diesem Mem der Gewinner ist: der größere Schreibtisch, das dickere Auto, die teurere Uhr. Auch Titel und der nächste Schritt in der Karriereleiter haben Bedeutung und zeigen, dass jemand „es geschafft hat".

In den meisten größeren Organisationen herrscht auch heute noch das orange Mem vor. Der unternehmerische Erfolg, und damit Leistung, Effizienz und Wachstum, spielen eine große Rolle. Menschen werden nach dem eingeschätzt, was sie erreichen, und erhalten dafür individuelle Zielvorgaben und Belohnungen. Individuelle Bonussysteme und Rankings stellen sicher, dass jeder weiß, wer der oder die Beste ist. Sehr dominant ist dieses Mem ausgeprägt in Vertriebsorganisationen, die mit hohem flexiblen Gehaltsanteil den „Hunger und die Gier" der Verkäufer nach Erfolg antreiben.

Das System gelangte an seine Grenzen, als die zunehmende Komplexität von Aufgabenstellungen dazu führte, dass man sie nicht mehr allein lösen konnte. Gleichzeitig fühlten sich viele Menschen im Erfolg einsam und empfanden die von der Jagd nach Luxus geprägten Welt sinnentleert. Das grüne Mem entstand aus dem Wunsch heraus, alle mitzunehmen, miteinander stark und Teil einer Gemeinschaft zu sein.

Grün: Gemeinschaft

„Jeder ist gleich und verdient eine faire Behandlung. In der Gruppe werden meine Ängste nicht wahr."

Aus dem Gefühl von Leere und Entfremdung von sich selbst bei gleichzeitigem finanziellem Wohlstand, der Überlastung des Einzelnen und auch dem zunehmenden Empfinden von sozialer Ungerechtigkeit über das Auseinanderklaffen von Arm und Reich entwickelte sich eine Sehnsucht nach mehr Miteinander und Herzenswärme. Auch die Erkenntnis, dass Aufgaben nicht mehr mit der Kompetenz Einzelner gelöst werden konnten, beförderte die Entstehung des grünen Mems ab den 1850er-Jahren.

Besonders ausgeprägt war dieses Mem in der „Flower-Power-Bewegung", die in den 1960er-Jahren in den USA entstand. Menschen setzten sich für Frieden und Liebe ein und gegen das Diktat des Kapitalismus. Die Gemeinschaft hatte große Bedeutung. Der Einsatz für Zusammenarbeit auf Augenhöhe, soziale Gerechtigkeit und eine bessere Welt hatte Einfluss auf viele Aspekte der modernen Gesellschaft, einschließlich Politik, Kultur und Kunst. Sie hat zu vielen sozialen und politischen Veränderungen sowie zur Verbreitung des grünen Mems beigetragen.

Wichtige Werthaltungen im grünen Mem sind Fairness, Konsens und Teamorientierung. Es herrscht der Glaube, dass nur im Team die besten Lösungen entstehen. Dafür werden Entscheidungen gemeinsam so lange diskutiert, bis Konsens erreicht wird. Die Meinungen und Bedürfnisse jedes Einzelnen sind gleichermaßen wichtig und jeder Mensch wird mit seinen individuellen Stärken und Eigenarten geschätzt. Die Ergebnisse werden fair geteilt, auch die Schwächsten werden mitgenommen.

Wir finden dieses Mem in Organisationen, in denen Teamarbeit eine große Bedeutung hat. Die Atmosphäre ist von Miteinander, Rücksichtnahme und Hilfsbereitschaft geprägt. Befördert wird dies über Teamziele, die nur gemeinsam erreicht werden können, sodass kein Wettbewerb untereinander entsteht, sondern jeder weiß, dass er sich für das Gemeinsame einsetzt.

Doch der Wunsch nach Konsens macht ein System auch langsam und wenig entscheidungsfreudig. Die Welt wird schnelllebiger und verändert sich permanent, nicht alles kann immer gemeinsam gestaltet werden. Es braucht dezentralere Strukturen und mehr Eigenverantwortung, um Schritt zu halten. Das gelbe Mem entsteht.

Gelb: Synergie

„Es geht darum, in einer schnelllebigen Welt für die jeweilige Situation die beste Lösung zu finden. Gruppen setzen Grenzen, Entfaltung findet in Systemen statt."

Die Welt des gelben Mems ist volatil, veränderlich, komplex und unvorhersehbar. Was für die eine Situation gilt, passt für die andere überhaupt nicht. Daher braucht es ein Wertesystem, das Veränderungsgeschwindigkeit und den Umgang mit Komplexität befördert. Als Clare Graves in den 1950er-Jahren erstmals seine Theorie menschlicher Entwicklung veröffentlichte, war das gelbe System das letzte von ihm beschriebene und es war damals noch sehr neu. Für Graves war das gelbe Wertesystem nicht nur eine Weiterentwicklung von einem

Mem in das andere, sondern stellte für ihn eine neue Stufe der menschlichen Entwicklung dar, die sich von den vorherigen Stufen unterschied. Es ist das erste Wertesystem, das es den Menschen ermöglicht, die nützlichen Werte und Verhaltensweisen aller anderen Systeme abzuwägen und sie gegebenenfalls einzusetzen, wenn sie auf die Situation passen.

Im gelben Mem geht es darum, für jede Situation die jeweils beste Lösung zu finden. Es unterstützt die Fähigkeit, komplexe Zusammenhänge zu verstehen und zu integrieren und sich an neue Situationen anzupassen, indem es auf frühere Erfahrungen zurückgreift und gleichzeitig offen für neue Erfahrungen und Perspektiven bleibt. Hoch im Kurs steht derjenige, der für die jeweilige Herausforderung das beste Wissen hat. Das kann der Azubi sein, der sich am besten damit auskennt, Videos zu produzieren. Das kann der Rentner sein, der den alten Motor schon vor 30 Jahren repariert hat. Es geht nicht um Seniorität, hierarchische Position oder langjährige Erfahrung, sondern allein darum, welche Kompetenz das beste Ergebnis bringt. Systemisches Betrachten von Zusammenhängen ist die Grundlage, um Synergien zu nutzen und in der Welt des Wandels erfolgreich zu sein.

Um auf Veränderungen schnell reagieren zu können, braucht es keine starren Regeln, sondern höchstens ein paar Leitplanken, die individuelle Selbstbestimmung zulassen. Persönliche Vernetzung mit vielen und in viele Richtungen erweitern die Optionen und stellen sicher, dass man im Bedarfsfall die richtige Person kennt, die einen weiterbringt. Lebenslanges Lernen sichert, dass man auch in einer sich ständig verändernden Welt auf der Höhe der Zeit ist. Verbindungen zu und mit anderen sind vielfältig, aber themenbezogen und weniger verbindlich. Es sind die vielen besonderen Einzelnen, die das Ganze voranbringen können.

Das gelbe Wertesystem hat in den letzten Jahrzehnten stark an Bedeutung gewonnen und ist heute in agilen Unternehmen und Start-ups zu finden, die auf eine rasche Anpassung an sich schnell ändernde Umgebungen setzen. Strukturen sind veränderlich und werden nach den jeweiligen Anforderungen gestaltet. Vernetzung – auch über Unternehmensgrenzen hinaus – wird großgeschrieben, Kooperationen zwischen Unternehmen, die eigentlich im Wettbewerb stehen, sind heute keine Seltenheit mehr. Ein gutes Beispiel dafür ist Wikipedia. Die Wissensdatenbank wird von vielen Menschen gemeinsam ehrenamtlich erstellt. Der Einzelne hat keine Profilierungsabsichten und ist im Dienst an der Menschheit unterwegs. So macht Wikipedia das Wissen für jeden und jede jederzeit verfügbar, baut damit Machtverhältnisse ab und fördert Bildung und Chancengleichheit.

Typische Vertreter des gelben Typus sind auch die digitalen Nomaden, die ihren Lebensunterhalt hauptsächlich online verdienen und dadurch ortsunabhängig arbeiten können. Sie nutzen moderne Technologien, um neben ihrer Arbeit die Welt zu bereisen. Oft sind sie nicht nur örtlich frei, sondern fühlen sich auch nicht an einen bestimmten Arbeitgeber gebunden. Parallel sind sie in vielen Projekten unterwegs und nur vom Internet abhängig. Dieser Menschentyp ist eine konkrete Auswirkung gelber Einstellungen.

Zunehmend auftretende Kollateralschäden unserer globalisierten Welt und des wirtschaftlichen Handelns, die Erkenntnis, dass in einer globalisierten Welt vieles zusammenhängt und Entscheidungen Konsequenzen für nachfolgende Generationen oder Menschen auf der anderen Seite des Globus haben, führte zur Entwicklung des türkisen Mems.

Türkis: Nachhaltigkeit

„Globale Herausforderungen erfordern ganzheitliches Denken und Handeln. Langfristige Szenarien geben der Gruppe sinnvolle Orientierung, um den nachfolgenden Generationen Chancengleichheit zu gewähren."

Nicht erst der Klimawandel hat die Menschheit dafür sensibilisiert, dass wir Verantwortung übernehmen müssen für das, was wir unseren Kindern hinterlassen, oder das, was durch unser Wirtschaften auf anderen Kontinenten und mit anderen Menschen geschieht. Seit den 1970er-Jahren hat türkises Gedankengut zunächst bei einzelnen Menschen, später auch in Organisationen Einzug gehalten.

Im türkisen Mem legen Menschen Wert darauf, die Welt ganzheitlich zu betrachten und Verantwortung für das Überleben der Welt und aller Völker zu übernehmen. Dieses Bewusstsein sollte sämtlichen Entscheidungen zugrunde liegen. Dabei bezieht sich diese Denkweise nicht nur auf ökologisches Handeln. Bei allem, was wir sagen oder tun, sind die Auswirkungen in der globalisierten Welt vielfältig und müssen mitgedacht werden.

Lange Zeit war dieses Mem hauptsächlich in der Denkweise einzelner Individuen vorhanden. Bewegungen oder Parteien wie Bündnis 90 / Die Grünen haben sich auf Basis dieser Haltungen zusammengeschlossen. Lange Zeit wurde dieses Denken in Unternehmen eher belächelt oder war verpönt. Heute kommen jedoch auch Organisationen nicht mehr darum herum, die Werte dieses

Mems bei Entscheidungen zu berücksichtigen. Wir sehen dies daran, dass heute jedes erfolgreiche Unternehmen eine ESG-Strategie (ESG = Environmental Social Governance) hat und von Nachhaltigkeit spricht. Und das nicht vor allem deshalb, weil das Management in den Unternehmen selbst von Herzen dieses türkise Mem vertritt, sondern eher, weil ein Großteil der Kunden und Kundinnen (und auch der Shareholder) diese Werte vertritt und deren Entscheidungen davon beeinflusst werden.

Was noch vor uns liegt

Wann kommt Koralle?

Ein nachfolgendes Mem wird seit Jahren diskutiert. Die ihm zugewiesene Farbe sei „Koralle". Wir warten noch, dieses Mem besser zu verstehen. Wenn dazu geschrieben wird, wird zum Beispiel von der integral-holonischen Sicht gesprochen. Holonisch im Sinne von einem Ganzen, das wiederum Teil eines Ganzen ist. Es gibt Vermutungen, dass dieses Mem einen Zustand von innerer Bedürfnislosigkeit, bedingungsloser Liebe und Vollkommenheit umfasst. Auch der Begriff „Tao" ist im Gespräch. Naturgemäß werden die meisten von uns noch längere Zeit nichts mit dieser Beschreibung anfangen können. Erst wenn sich das Mem ausgebreitet und bei einer nennenswerten Anzahl von Menschen Bedeutung gewonnen hat, wird es sich klarer präsentieren und für uns verständlicher werden.

Das ValueParty-Werteprofil

Das war eine sehr ausführliche Beschreibung der verschiedenen Meme, doch sie ist wichtig, weil der gesamte ValueParty-Prozess von der Analyse des Istzustands bis zur Definition von Veränderungsprojekten vom Verständnis der Wertesysteme abhängt.

Der Ausgangspunkt der wertebasierten Transformation ist das ValueParty-Werteprofil, mit dem wir messen, wo die Organisation steht und in welche Richtung die Veränderung gehen soll. Ausgehend davon, dass Werte selbst nicht messbar sind, brauchen wir einen Weg, um dieses flüchtige Etwas – die Werte – miteinander im Dialog so zu fassen, dass es verstehbar und somit gestaltbar wird. Das Graves-Value-System bietet uns diese Ordnungsstruktur und Systematik, gemeinsam zu wissen, wovon wir sprechen und was für uns Wichtigkeit und Bedeutung hat. Erst dann wird es gemeinsam gestaltbar.

Unsere Klienten haben uns mehrfach bestätigt, wie hilfreich es war, endlich einmal vor Augen zu sehen, was sie schon längere Zeit gefühlt haben.

Hier noch mal die Ausgangsthese: Eine Unternehmenskultur ist dann hilfreich, wenn sich die Menschen in der Organisation damit wohlfühlen und wenn sie gleichzeitig die Grundlagen legt, um den Herausforderungen in der Umwelt heute und in der absehbaren Zukunft gewachsen zu sein.

Das Werteprofil zeigt für jedes der oben beschriebenen Meme:

a. Realität/Perspektive des Individuums: Welche Werte sind für Einzelne, also die Individuen, handlungsleitend und von besonderer Bedeutung im Arbeitsumfeld?
b. Unternehmensrealität heute: Perspektive auf die derzeitig gelebten Werte im Unternehmen: Welche Werte sind in der derzeitigen Arbeitsumgebung erlebbar, vorherrschend, dominant und damit „kulturprägend“? (Unternehmenswerte IST)
c. Unternehmenszukunft: Perspektive auf zukünftig gewünschte oder geforderte Werte für das Unternehmen: Welche Werte sind für die zukünftige Arbeitsumgebung gewünscht, notwendig oder gefordert, um als Unternehmen Bestand und Perspektive zu haben? (Unternehmenswerte SOLL)

Um mit den Werten in strukturierter Weise arbeiten zu können, wurden für jedes der sieben Wertesysteme in einer Business Case Study aus dem Wintersemester 2009/2010 an der Hochschule Fresenius die jeweils 16 Wertebegriffe auf Trennschärfe voneinander und Zugehörigkeit zu dem jeweiligen Mem evaluiert.

Das Werteprofil wird erhoben, indem jeder Mitarbeitende zu jeder der drei Perspektiven für sich allein auswählt, welche Werte ihm/ihr bezüglich dieser Frage am wichtigsten sind.

Das könnt Ihr in Eurem Team machen, das kann in einem Bereich durchgeführt werden oder es kann ein Profil des gesamten Unternehmens erstellt werden.

Die Erhebung soll jeweils nicht als „hochnotpeinliche Befragung“, sondern eher spielerisch erlebt werden, was mit dem Label der ValueParty gut erkennbar ist: Zu 112 Werten stehen jeweils 16 ausformulierte Texte zu jedem der Graves’schen Meme zur Auswahl. (Siehe Kapitel 10: Anhang)

Wie wird das Werteprofil erhoben?

Es gibt drei Varianten, wie Ihr ein Werteprofil erstellen könnt.

1. Ihr könnt es ohne weitere Hilfsmittel gemeinsam mit Eurem Team anhand der Anleitung und mit den Werten im Anhang dieses Buches durchführen. Wie genau, erzählen wir Dir in Kapitel 6 (Werteprofil erstellen).
2. Manche arbeiten gerne mit dem ValueParty-Kartenspiel, das Ihr unter www.valueparty.de bestellen könnt. Dies ist für kleine und große Gruppen eine spannende interaktive Erfahrung.
3. Und es gibt auch eine ValueParty-App, mit der das Werteprofil für große Bereiche oder ganze Unternehmen (mit Unterprofilen der Teams oder Abteilungen) professionell erstellt werden kann (ebenfalls unter www.valueparty.de). Wenn Ihr diese für Euch selbst einmal ausprobieren möchtet, findet Ihr im Kapitel „Geschenk an Dich“ (Seite 14) einen Zugang für Euer persönliches Werteprofil.

www.valueparty.de als QR-Code:

Alle beteiligen

Was hier nur am Rande deutlich und in Kapitel 5 noch klarer herausgestellt wird: Wenn Ihr die Kultur Eures Teams, Eures Bereichs oder Eurer Organisation entwickeln möchtet, ist es essenziell, dass Ihr möglichst viele, besser noch alle Mitarbeitende in diesen Prozess einbezieht. Denn Kultur kann selbstredend nicht von oben verordnet werden. Sie wird von den Mitarbeitenden gemeinsam getragen, wenn diese das Gefühl haben, mitgestalten zu können.

Das bedeutet natürlich, dass es sich um einen offenen Prozess handelt: Wenn Ihr als Initiatoren des Prozesses eine bestimmte Wunschkultur im Kopf habt, die Ihr gerne als Ergebnis haben wollt, dann müssen wir Euch an dieser Stelle enttäuschen: Bei der ValueParty handelt es sich um einen demokratischen Prozess: Es wird das herauskommen, was die Mehrheit der Mitarbeitenden wahrnimmt und sich wünscht. Beim Aufsetzen des Prozesses ist es sehr bedeutsam, die Rahmenbedingungen der Transformation klar zu benennen.

Zur Erinnerung: Eine Transformation ist kein mechanistischer Prozess mit Ursache-Wirkungs-Logik: Transformationen sind eher eine „Reise“, Experten sagen vielleicht: „Eine neue Kultur ‚entwickelt‘ man nicht, sie entsteht in einem emergenten Prozess.“

Zu Deiner Beruhigung: Meistens sind die Mitarbeitenden ziemlich schlau und wissen genau, was die Organisation braucht, um in Zukunft erfolgreich zu sein. Wir haben an dieser Stelle gelernt, dem Prozess zu vertrauen. Bisher war das Ergebnis immer so, dass alle Beteiligten – auch das Topmanagement – dieses mittragen konnten. Und wenn Ihr im stillen Kämmerlein eine andere Kultur gestalten wollt als die, die die Mitarbeitenden brauchen und für die Zukunft für hilfreich halten, dann sind die Erfolgsaussichten ohnehin nur sehr gering, genau diese absichtsvoll entstehen zu lassen. Mit der Mannschaft, die Du hast, wirst Du nur die Kultur zum Leben bringen, die sie einsehen und mittragen kann. Im Prozess der ValueParty wird die Sensibilität für die Notwendigkeiten, die sich aus einem Wandel in der Umwelt der Organisation ergeben, nochmals geschärft.

Also, lass los und lass Dich auf den Prozess ein!

Das Werteprofil

Aber wie sieht nun so ein Werteprofil aus?

Zu jedem Mem werden diese drei Fragen erhoben:

- Welche Werte sind MIR persönlich wichtig in Bezug auf Zusammenarbeit? (Individuum)
- Was sind die derzeitig im Unternehmen „erlebbaren“ Werte? (Unternehmens-IST)
- Was sind die zukünftig im Unternehmen gewünschten und/oder geforderten Werte? (Unternehmens-SOLL)

Zu jedem der Meme erhaltet Ihr durch Addieren der gewählten Werte dieser Farbe aller Beteiligten eine Zahl, aus der Ihr dann Balken unterschiedlicher Höhe kreieren könnt. Im Ergebnis erhaltet Ihr so eine Skyline:

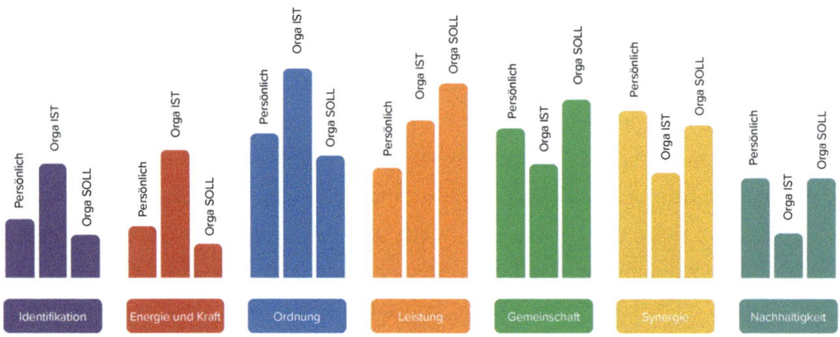

Abb. 6: Das Werteprofil

Nach Gesprächen mit vielen Abteilungen hatte das Kernteam entschieden, eine erste „Probebohrung“ in der Entwicklungsabteilung von Lenter in Görlitz durchzuführen. Die Kollegen wirkten dem Unternehmen loyal verbunden, aber seltsam verhalten nach außen. Und die letzten großen Entwicklungen aus ihren Reihen lagen inzwischen schon einige Jahre zurück.

Oben in der Abbildung (Abb. 6) seht Ihr das Werteprofil dieses Entwicklungsteams von Lenter in Görlitz. Wenn man die jeweils linken Balken vergleicht, dann sieht man, dass die Kollegen persönlich ihre höchsten Werte im gelben Mem hatten, dicht gefolgt von grün. Sie schätzten also eine Arbeitsatmosphäre, die von Flexibilität, Selbstorganisation, Eigenverantwortung und gemeinsamem Lernen geprägt ist. Fast genauso wichtig war den Menschen die Zusammenarbeit im Team, dass Entscheidungen im Konsens auf Augenhöhe getroffen werden, dass jede Meinung wichtig ist und alle an der Entscheidungsfindung beteiligt werden. Wichtig war den Menschen auch das blaue Mem mit Werten wie Klarheit, Ordnung und Struktur. Weniger wichtig waren für sie die purpurnen, die roten und auch die türkisen Werte. Die Peaks (die sogenannten „Mittelfinger“) in Purpur, Rot und Blau deuteten an, dass hier noch viel Arbeit in Richtung einer zeitgemäßen Kultur zu leisten war. Lina schaute zunächst in ratlose Gesichter, was ihnen denn diese „Skyline der Werte“ sagen sollte. Durch ein paar Mails und

Web-Konferenzen mit Berlin hatte sie viel Klarheit zur Bedeutung dieses Kunstwerks gewonnen. Mit Freude erklärte Lina dem Kernteam, was hinter dem Diagramm steht.

Wie liest man ein ValueParty-Werteprofil?

Der erste, also der jeweils linke Balken jedes Wertesystems, bildet die persönlichen Präferenzen der Mitarbeitenden ab. Hier erkennen wir, wie viel von der Qualität eines Mems sich die Menschen in dem Team / der Organisation für ihre persönliche Arbeit wünschen.

Die jeweils mittleren Balken der Meme zeigen uns, wo das Team / die Organisation aktuell steht, also welche Kultur von den Menschen im Hier und Jetzt wahrgenommen wird. Der jeweils dritte Balken bildet ab, wie viel von diesem Mem aus Sicht der Mitarbeitenden in der gewünschten Kultur notwendig wäre, um mit heutigen und künftigen Herausforderungen erfolgreich umgehen zu können.

Wenn wir die drei Balken zusammen betrachten, finden wir gewisse Muster:

- Ein „U" – wie in unserem Beispiel in Gelb, Grün und sogar auf niedrigem Niveau in Türkis – zeigt einen Mangel auf. Es sagt aus, dass im Team oder in der Organisationseinheit weniger von diesem Mem gelebt wird, als die Menschen persönlich brauchen, um sich wohlzufühlen. Und auch weniger, als sie es für die Zukunft des Unternehmens für wichtig halten.
- Ein Peak (wie ein „Mittelfinger") – in unserem Beispiel bei Blau, Rot und Purpur – sagt aus, dass die Menschen dieses Teams oder der Organisation auf diesem Mem Druck empfinden. Es wird aktuell mehr davon in der Organisation gelebt, als die Menschen es persönlich mögen und als sie es für eine erfolgreiche Zukunft der Organisation / des Teams für bedeutend erachten.
- Treppenformationen, also Treppe aufwärts oder abwärts, sind Muster der Einsicht. Die Mitarbeitenden sehen, dass es davon in Zukunft mehr oder eben weniger braucht, als sie es sich selbst wünschen und es derzeit gelebt wird. In unserem Beispiel finden wir die Treppe aufwärts in Orange.

Lennard, dem das Entwicklerteam in Görlitz schon lange bekannt war, kam richtig in Fahrt, als er die Balken gemeinsam mit dem Kernteam betrachtete:

„Die Kollegen in unserem Entwicklerteam (Forschung & Entwicklung, Engineering) erleben also einen deutlichen Mangel in Grün und Gelb. Bei den „älteren Wertesystemen" Purpur, Rot und Blau empfinden sie Druck, obwohl ihnen persönlich viel Blau als Qualität wichtig ist. In Orange herrscht Einsicht, dass das Unternehmen davon mehr bräuchte, auch wenn die Menschen persönlich nicht so viel Wert auf diese Qualitäten legen.

Was für eine Kultur können wir uns in dieser Organisation vorstellen? Es scheint bisher eine Menge Vorgaben und Regularien zu geben, die eingehalten werden sollen, ganz gleich, ob sie gerade in der jetzigen Situation hilfreich sind oder nicht. Das sehen wir am hohen blauen Balken. Ein Kollege berichtet, dass sich viele über die langsamen Prozesse und bürokratischen Vorgänge ärgern, wenn sie Entwicklungsarbeit leisten, obwohl viele von ihnen selbst gerne klare Strukturen haben, nervt es sie, dass die Organisation sehr langsam und unflexibel tickt, insbesondere wenn es um neue Ideen und Entwicklungen geht. Interessanterweise scheinen die Kolleginnen und Kollegen persönlich das blaue Wertesystem sogar noch mehr zu schätzen, als sie es für sinnvoll für die Zukunft halten." „Ich persönlich mag Sicherheit und Struktur", sagte eine Kollegin. „Aber ich weiß, dass sie uns auch oft behindert. Wir sollten öfter mal Neues wagen."

Lina erklärte den nächsten Teil: „Der ausgeprägte Peak (‚Mittelfinger') im roten Mem deutet auf Machtkämpfe oder Widerstand gegen Autoritäten der Einheit hin. Eine andere Kollegin erzählte im Vertrauen, dass hier oft gilt ‚Wer am lautesten schreit und die besten Beziehungen hat, gewinnt'. Ein paar dominante, erfahrene Kollegen setzen sich durch, oftmals nur, um zu zeigen, dass sie das Sagen haben, nicht weil es um die bessere Lösung geht. Viele der jüngeren Kollegen ärgern sich, dass sie oft nicht zu Wort kommen oder ihre Ideen einfach vom Tisch gewischt werden."

Jetzt wagte sich auch Maria, Linas Assistentin, an eine Deutung: „Auch die Treppenformation in Orange ist interessant." Ein Kollege erklärte: „Ja, das stimmt. Wir sind oft bequem und haben wenig Lust, uns richtig anzustrengen, um mehr zu erreichen. Es herrscht zu viel Leistungsdruck im Unternehmen. Lob gibt es auch wenig. Doch eigentlich bräuchten wir viel mehr unternehmerisches Denken und Zielorientierung. Wenn wir so weitermachen, werden wir vom Wettbewerb überholt."

Die letzten Aspekte wurden von Lina zusammengefasst: „In Grün und Gelb sehen wir ein U – es wird ein Mangel empfunden." Ein Teammitglied beschreibt das so: „Um in einer Welt des schnellen Wandels und der Komplexität erfolgreich zu sein, müssen wir schnell auf sich ändernde Bedürfnisse am Markt reagieren. Wir müssen innovative Ideen entwickeln. Auch brauchen wir mehr Zusammenarbeit, mehr Kollaboration auf allen Ebenen im Unternehmen, damit alle Sichtweisen in die Innovation mit einfließen können. Nur so werden wir neue Produkte schaffen, die mit denen am Markt mithalten können. Wir wären vom Mindset her dafür bereit. Aber es ist schwierig, das im Unternehmen umzusetzen."

In der Auswertung sollte man sich ansehen, welche Einzelwerte jeweils die höchsten Ausschläge haben und welche Bewegungsimpulse die Einzelwerte zeigen. Um die Bewegungsimpulse zu ermitteln, vergleicht man die Einzelwerte im IST und im SOLL der Organisation oder des Teams. Die Bewegungsimpulse sagen viel über die notwendige Veränderung in der Organisation aus.

Betrachtet man die Einzelwerte und die Bewegungsimpulse unseres Entwicklerteams, ergeben allein die Farben schon ein eindeutiges Bild:

Noch einmal den Fuß auf den Ball stellen, bevor wir durchstarten

Bevor wir zu den praktischen Schritten einer Transformation kommen, hier noch ein paar Aspekte, die uns als Betrachter eines Resultats der Analyse im Gedächtnis bleiben sollten:

Wir verstehen die Werte des Graves-Systems als die DNA der Werthaltungen in einem Unternehmen, in einer Organisation. Mit diesen beiden Perspektiven sind präzise Aussagen zu stabilen Werten, Reibungspunkten, Spannungen und die Hebel zur Lösung auffindbar:

a) Das Werteprofil sagt uns, was der derzeitige Stand der Organisation innerhalb der sieben betrachteten Meme ist. Bei welchen Memen herrscht Mangel, wo ist Druck und wo ist Einsicht vorhanden?
b) Die wichtigsten Einzelwerte und die Bewegungsimpulse zeigen uns sehr präzise, bei welchen Einzelwerten starke Ablehnung, stabile Attraktion oder eine große unerfüllte Sehnsucht in der Organisation vorhanden sind.

Stärkste Steigerung gewünscht	Stärkste Reduzierung gewünscht
Flexibilität	Gehorsam
Konsens	Macht
Fairness	Beständigkeit
Veränderungen suchen	Wachstum des Unternehmens
Unternehmerisches Denken	Territorium erobern
Kreative Zusammenarbeit	Kontrolle
Ausgezeichnete Leistung	Traditionen achten
Vision	Teile und herrsche
Dialog	Stabilität
Zum Wohle der Menschheit	Pflicht

Persönliche Werte	Unternehmen IST	Unternehmen SOLL
Konsens	Gehorsam	Kundenbegeisterung
Flexibilität	Beständigkeit	Konsens
Kreative Zusammenarbeit	Macht	Fairness
Persönliche Freiheit	Traditionen achten	Unternehmerisches Denken
Sachverstand	Territorium erobern	Kreative Zusammenarbeit
Fairness	Wachstum des Unternehmens	Flexibilität
Dialog	Kontrolle	Vision
Klarheit	Stabilität	Dialog
Ordnung	Teile und herrsche	Veränderungen suchen
Nachhaltigkeit	Pflicht	Nachhaltigkeit

Abb. 7a und 7b: Die wichtigsten Einzelwerte und die Bewegungsimpulse: Das Team steht an einem Übergang von Blau zu Orange.

Mit den einzelnen Werten aus dem Graves-Kanon der 112 Werte lässt sich im strukturierten und lebendigen Austausch klären, was für Einzelne, einzelne Gruppen und einzelne Menschen hinter den großen werthaltigen Begriffen wie zum Beispiel „Respekt“ und „Freiheit“ steht. Tatsächliche und praktische Diversität sowie echter Zusammenhalt werden gefördert, wenn wir uns entlang eines gemeinsamen Verständnisses entwickeln – wir wissen, wovon wir reden, und achten besser, was wir verstehen. Wir wissen, wo es „drückt“, und was die Anforderungen sind.

Was sagt uns ein Profil, worüber gibt es Auskunft – worüber nicht?

Wenn wir das Werteprofil einer Organisation betrachten, können wir leicht fasziniert sein, wie umfassend und gleichzeitig differenziert wir die Werte, die

Haltungen, ja vielleicht sogar das Wesentliche einer Organisationskultur abgebildet haben. Bei genauerem Hinsehen und speziell der Frage, was genau denn nun zu tun sei, gilt es, achtsam zu sein und nicht voreilig in Aktionismus zu verfallen:

Zum einen gibt es Grundregeln, die uns wissen lassen, was es zu nutzen, zu beachten, zu vermeiden und definitiv zu lassen gilt. Nach ein paar Vorbemerkungen kommen wir darauf gleich zurück.

Selbst wenn wir eine starke und fast eindeutige Dominanz eines Wertesystems, einer Farbe haben, gilt es, genau hinzuschauen: Kulturen und Menschen sind nicht rot, blau, grün oder gelb; vielmehr gibt uns das Gesamtbild eines Profils mit den drei Grundformationen U (Mangel), Peak (Druck) oder Treppenformation (Einsicht) innerhalb der einzelnen Meme eine gute Grundinformation, wo Ressourcen, Mängel und Hindernisse innerhalb der einzelnen Wertesysteme liegen. Ein genauerer Blick auf die einzelnen Werte und die Unterschiede zwischen den persönlichen Werten, den Unternehmenswerten (IST) und den geforderten Unternehmenswerten (SOLL) ist in jedem Falle sinnvoll und notwendig.

Ebenso ist es vor dem Ableiten von Veränderungsmaßnahmen entscheidend, die Veränderungsdynamik von Mem zu Mem und die jeweiligen Perspektiven von einem Wertesystem aus auf ein anderes zu beachten.

Die Grundregeln, Kurioses und Handlungsregeln für den Umgang mit den Wertesystemen:

Veränderungen in Richtung eines Wertesystems erfolgen nach der Logik der Notwendigkeit und der Erreichbarkeit. Motto: „Basics first!“

Entwicklungen in einer Aufwärtsrichtung (von Purpur, nach Rot, Blau, Orange …) sind nur dann Erfolg versprechend, wenn die Werte der bestehenden und vorhergehenden Stufe hinreichend ausgeprägt und die Kompetenzen ausreichend vorhanden sind.

Wer einen Mangel an orangen Werten und den dazugehörigen Motivatoren und Kompetenzen verspürt („Wir müssen unseren Biss und unsere Leistungsorientierung boostern!“), muss prüfen, wie die notwendigen Werte und Kompetenzen aus dem davorliegenden Mem (blau) angemessen im Unternehmen ausgeprägt sind. Das Überspringen einer Stufe wird zum Scheitern führen.

Wenn es das Umfeld einer Organisation erfordert, kann auch eine Entwicklung in die Abwärtsbewegung anstehen: Wenn eine Organisation durch Zwänge des grünen Mems zu statisch geworden ist, kann es geboten sein, entweder über Qualitäten des orangen oder sogar blauen Mems Grundlagen für weitere Fortschritte der Organisation zu sorgen. Wenn dort ein Mangel nicht beseitigt ist: Endlose konsensorientierte Teamdiskussionen müssen manchmal über Einsicht in wirtschaftliche Notwendigkeiten oder auch durch klare Regeln beendet werden: Eine Agenda muss vorher definiert und dann auch eingehalten werden (blau), Zeitbedarf müsste sich zum Beispiel an der Relevanz und dem Outcome orientieren (orange), anstatt sich an „Befindlichkeiten" (grün) messen zu lassen. „Wer als Feuerwehrmann/-frau eine Befindlichkeitsabfrage in der Löschmannschaft im Angesicht eines lodernden Brandes startet, wird seiner Verantwortung nicht gerecht", so beschrieb es einmal ein Security-Chef eines Pharmaunternehmens.

Sich der eigenen Beobachterposition klar werden: „Jedes Wertesystem erzeugt eigene ‚Blindheit' oder auch ‚Überheblichkeit'."

- Überheblichkeit: Einzelne Menschen, vor allem aber Gruppen, neigen dazu, die vorherigen, älteren Meme abzuwerten und sie als „weniger entwickelt" abzuqualifizieren. So ist häufig zu beobachten, mit welchem Hochmut Menschen, die sich stark mit dem grünen Mem verbunden sehen, leistungsorientierte Menschen (starkes oranges Mem) abwerten („karrieregeiler Streber", „neoliberaler Yuppie" können dann die Attribute sein). Sehr wenig schmeichelhaft sind oft auch die Beschreibungen von Orange nach Blau: „Verwaltungsfuzzis" und „Behördenzombies" sind Bezeichnungen, die man dort hören kann. Wer deren Kompetenzen nutzen will, sollte die Qualitäten des davorliegenden Wertesystems authentisch achten und respektieren. Wer die Kompetenzen der vorherigen Stufen nicht integriert hat, wird beim Voranschreiten scheitern. Hochmoralisch zu argumentieren und die eigenen Steuererklärungen unvollständig abzugeben, wären beobachtbare Symptome.
- „Blindheit": Ein einzelner Mensch, viel stärker aber Gruppen und Organisationen, sind häufig „blind" für die Qualitäten der höher gelegenen Wertesysteme. Wer sich im Verfahrensstil auf Vorschriften, Gesetze und Regeln beruft (blau), hat oft keinen Blick auf die Anforderungen von „Leistung" (orange) oder Gemeinschaft, Konsens und Rücksicht auf Gefühle (alles grün). Anforderungen aus übergeordneten Systemen werden dann häufig mit Befremden wahrgenommen oder missdeutet. Ein befreundeter Berater beschrieb dieses Kuriosum einmal mit den Worten: „Wenn Blau Grün

begegnet, sehen sie rot." Angesichts der Diskussionen um den Klimawandel haben wir genau diesen Argumentationsstrang aufseiten der Wirtschaftsliberalen: „Verbotspartei", „Klimasekte" und „Ökodiktatur" sind die Reflexion dieser Blindheit. Gleiche „Blindheit" ist jeweils auf den Stufen für die nächsthöheren Wertesysteme beobachtbar: Wir deuten die Welt aus den Kategorien und Wertesystemen, die wir leben, bewältigt haben oder kennen.

Nur wer sich der eigenen Beobachterperspektive bewusst ist, kann wissen, wofür sie einen Blick hat, was aber auch die eigenen blinden Flecken sind. Abwertungen und starke Irritation sind häufig Signale, die wir für eine unvollständige Perspektive auf eine Wertelandschaft haben.

Bei der Vorstellung der Ergebnisse mit dem Görlitzer Entwicklungsteam waren auch die Kollegen aus Bamberg eingeladen. Die Diskussionen, die sich unter Marias Moderation entwickelten, zeigten viel über Atmosphäre, Motivation und das Miteinander bei den Entwicklern an beiden Standorten. Die Führungskräfte fühlten sich zuerst fast peinlich ertappt: viel Kompetenzgerangel, Ansagen machen, ohne auf Mitarbeiterinnen einzugehen, und atmosphärisches Mittelmaß ... Doch die Diskussionen gingen eher in die Richtung, wo anzupacken ist, wenn die neuen Projektideen besser und gemeinsam ins Rollen gebracht werden wollen. Ein Entwickler aus Bamberg preschte dann auch direkt vor: „Lasst uns das Ganze noch mal für die gesamten Entwicklungsbereiche machen. Mit einem gemeinsamen Werteprofil haben wir schon fast einen Plan, um in Zukunft bestmöglich zusammenzuarbeiten!" Lina und Lennard hoben fast synchron an: „Die Idee ist gut. Wie wäre es, wenn wir das sowohl für euch Entwickler, aber auch das gesamte Unternehmen tun? Vielen Dank an euch, ihr wart die Pilotgruppe und habt uns sehr geholfen, eine Idee für die Lenterwerke zu entwickeln: Wir finden mit der ValueParty heraus, was uns wichtig ist, was uns ausmacht und schließlich, wie wir gemeinsam unsere Zukunft ausgestalten werden! DANKE."

5. „HINEIN IN DIE PRAXIS!“ – SET-UP DES TRANSFORMATIONSPROZESSES – WIE GEHT DAS GANZ KONKRET?

Soweit der recht lange theoretische Teil zu unserer ValueParty. Von nun an darf unser Buch gefordert werden und auch ein praktischer Hinweisgeber sein, um selbst anzufangen und anzupacken. Die persönliche Anrede hier darf als Aufforderung dazu verstanden werden:

„Vámonos muchachas y muchachos!“ („Auf geht's, Mädels und Jungs!“)

Wenn Du jetzt an den Punkt gekommen bist, dass Du mit einer wertebasierten Transformation in deinem Team/Bereich/Unternehmen anfangen möchtest, dann stellst Du Dir wahrscheinlich die Frage, wie genau Du es angehen sollst. Das Unterfangen scheint Dir vielleicht groß und bedeutsam und Du fragst Dich, was Du tun kannst, um den richtigen Weg einzuschlagen und ein gutes Ergebnis zu erhalten. Wir geben Dir hier einen Zehn-Schritte-Leitfaden mit auf den Weg, wie Du Deine eigene wertebasierte Transformation im Unternehmen oder auch in Deinem Team angehen kannst. Auch wenn wir Dir hier einen scheinbar sequenziellen Prozess vorstellen, geh unbedingt iterativ vor. Nutze die Energie, die zu Beginn da ist, für einen der wichtigsten Schritte: Starte jetzt mit Sinnvollem, suche nicht nach dem perfekten Plan, sondern geh in kleinen Schritten vor, die Du, wenn nötig, wieder rückwärtsgehen kannst. Ein Übermaß an theoretischer Planung im Vorfeld schafft zwar den Glauben, „richtig“ zu handeln, mindert aber gleichzeitig die sogenannte Fehlertoleranz. Sei mutig, probiere aus, was funktioniert und nimm unsere zehn Schritte als Orientierung, aber nicht als „Gesetz“. Überspringen darfst Du allerdings keinen der Schritte. Sei Dir bewusst: Fehler passieren und sind sogar erwünscht, denn nur so lernen wir im Prozess.

Je sauberer Du am Anfang allerdings die Frage nach dem WOZU und den Rahmenbedingungen klärst, desto einfacher wirst Du es im weiteren Verlauf des Prozesses haben. Die wichtigsten Fragen sind die folgenden:

Gemeinsam durchstarten. „Start with WHY“ … Wozu die Transformation?

Bevor wir auf das WIE eingehen, brauchen wir zunächst einmal das WOZU der Transformation. Wie schon der britisch-amerikanische Bestsellerautor und

Motivationsredner Simon Sinek in seinem Buch „Start With WHY" beschreibt, ist das WHY, das „Warum" und „Wozu", der Ausgangspunkt, um Menschen zu motivieren und zu inspirieren. Wenn Du also Mitstreiter suchst, das Topmanagement überzeugen möchtest oder die Mitarbeitenden gewinnen willst:

Formuliere klar und deutlich den Grund dafür in einem schlüssigen und authentischen WHY, das für jede und jeden im Unternehmen einleuchtend ist:

„Wozu lohnt es sich, was können wir gewinnen, wenn wir gemeinsam hier anpacken?"

Viele Menschen in Unternehmen spüren derzeit, dass ihre Kultur sie nicht optimal in einem sich schnell wandelnden Umfeld unterstützt. Die Welt befindet sich in vielen Bereichen im Umbruch – sie ist VUCA geworden. Dies macht oft eine umfassende Transformation, also einen Paradigmenwechsel, im Unternehmen notwendig.

Ein anderer Druckpunkt ist derzeit schmerzlich spürbar, wenn es gilt, neue Mitarbeiter zu gewinnen: „Sind wir mit unserer Kultur, mit unseren Werten für neue Mitarbeitende attraktiv?"

Ebenso wichtig ist die Frage: „Sind wir mit unserer Kultur, mit unseren Werten in der Lage, die Anforderungen unserer Kunden optimal zu erfüllen?"

Wenn Ihr das erste Mal auf Eure Mitarbeitenden zugeht, solltet Ihr vorbereitet sein und das „Problem Statement" klar kommunizieren können. In einen Prozess einzusteigen, der nichts in eine positive Richtung verändert, ist nur reizvoll für Menschen, die nichts Besseres vorhaben.

Noch einmal die beiden Leitfragen:

- Benenne das „Wozu?". Was ist der Zweck, der Sinn eines solchen Prozesses? Was gibt es zu gewinnen? „Wir stellen uns dem Thema ‚Kultur', damit …" Vollende den Satz mit hoher Business-Relevanz.
- Kläre „Warum jetzt?" und was passiert, wenn Ihr Euch dem Thema schlicht nicht stellt?

In einer Welt, in der sich Bedürfnisse und Anforderungen schnell ändern, kann es an dieser Stelle sehr hilfreich sein, sich für Euer Problem Statement auch den Blick von außen zu holen. Kundenbedürfnisse, aber auch die Bedürfnisse potenzieller Bewerber, ändern sich heute so schnell, dass wir es uns nicht leisten wollen, bei der Beschreibung des Umfelds nur „im eigenen Saft zu schmoren".

Durch viele Gespräche mit Kunden der Lenter Maschinenwerke wurde sich das Kernteam bewusst, dass sie Innovationen meistens nur auf Basis eigener Ideen oder bestenfalls der Rückmeldung der Verkäufer entwickelten. Der Kontakt zum Kunden kam in ihrer Welt kaum vor. In einer Reihe von Innovationsworkshops zusammen mit unterschiedlichen Kunden wurde der gemeinsame Prozess zur Produktentwicklung diskutiert. Es gab auch Raum für offene Worte. Die Kunden berichteten offen darüber, wie die Welt für sie gerade aussah, was ihre Bedürfnisse und Schmerzpunkte waren und was sie sich von dem mittelständischen Unternehmen in der Zusammenarbeit wünschten. Durch diese Erfahrung wurde deutlich, dass eine völlig andere Art des Herangehens an Themen notwendig war.

Auch von der Personalabteilung wurde eine Befragung von Mitarbeitenden, Bewerbern und potenziellen Bewerbern mit der Frage angestoßen, was sie sich von einem Unternehmen erwarten. Die Erkenntnisse aus den Gesprächen wurden als Ausgangspunkt eines Werte- und Kulturprozesses im WHY zusammengefasst: „Wir brauchen ein innovatives, modernes und schnelles Unternehmen, das sich attraktiv für Kunden und Kollegen von morgen präsentiert. Lasst uns gemeinsam eine Kultur entwickeln, die uns fit für die Zukunft sein lässt." So wurde das WHY im Kick-off der „wertebasierten Transformation" kommuniziert und natürlich mit den Details aus den Gesprächen ausgeschmückt. „Was haltet ihr von dem Slogan ‚LentovAktiv'?", fragte Martha. Die Menschen im Kernteam schauten sich an. „Wir brauchen einen Slogan", kommentierte Martha. „Lasst uns den doch mal mit dem einen oder anderen Kollegen erproben."

Fragt Euch, wie Ihr noch vor dem ersten Kick-off die Sichtweisen Eurer wichtigsten Stakeholder – Kunden, Bewerber, Lieferanten, Partner und Kollegen – in den Prozess integriert. Sich nur „in die Lage" der Stakeholder „zu versetzen", reicht nicht. Die Haltung „Wir kennen doch unsere Kunden" ist nicht hilfreich. Seid so mutig wie das im Beispiel beschriebene Unternehmen: Sprecht direkt mit den Stakeholdern mit einer forschenden Haltung, die von Neugier geprägt ist. Solch eine kollaborative Herangehensweise sorgt einerseits für Erkenntnis und schafft gleichzeitig eine neue Form der professionellen Beziehung.

Wen braucht es? Die Rollen im Prozess

Eins ist klar: Du allein kannst erst mal wenig verrichten. Schon in Kapitel 3 haben wir beschrieben, wie entscheidend es ist, dass alle bzw. möglichst viele Mitarbeitenden mitgenommen werden, denn Ihr alle gestaltet gemeinsam Eure Kultur.

Doch bevor wir auf alle Menschen im Team / der Organisation eingehen, möchten wir zunächst eine bestimmte Gruppe ins Auge nehmen: das Management des Teams, des Bereichs oder der Organisation, um die es geht. Vielleicht bist Du selbst die höchste Führungskraft in der Einheit, mit der Du die „wertebasierte Transformation" angehen möchtest. Dann hast Du es leicht, denn Du hast die oberste Führungskraft bereits für den Prozess gewonnen – Dich selbst. Doch bist Du es nicht, sei Dir bitte bewusst: Ein Kulturprozess macht nur dann Sinn, wenn das Management des betreffenden Teams, Bereichs oder des Unternehmens voll hinter dem Prozess steht.

Die Redensart „Der Fisch stinkt vom Kopf" sagt an dieser Stelle schon vieles: Kultur wird von Führung maßgeblich beeinflusst. Einen Kulturprozess zu gestalten ohne die maßgebliche Führungskraft, ist, wie einen Guerillakrieg zu starten. Es bedeutet viel Kampf und immer wieder scheint es so, als ob mit einem kleinen Manöver von oben die Arbeit von Wochen zunichtegemacht würde. Hast Du jedoch die oberste Führungskraft / besser noch die gesamte Führungsmannschaft an Bord, so kann durch bewusste Kommunikation und verändertes Verhalten dieser Gruppe unglaublich viel gewonnen werden.

Aber der Reihe nach: Sei Dir bewusst, dass Verantwortlichkeiten klar definiert sein müssen, die bestimmten Rollen zugewiesen sind. Arbeitest Du hier nicht gleich zu Beginn sauber, wirst Du mit kleinen Unwuchten starten, die im Laufe des Prozesses größer werden und zum Scheitern der Transformation führen können.

Beachte bitte auch, dass jede Rolle besetzt, aber nicht jede Rolle mit unterschiedlichen Personen besetzt sein muss. Gerade in kleineren Organisationen mit bis zu 100 Mitarbeitenden kann es notwendig sein, dass eine Person mehr als eine Rolle einnimmt.

Der Sponsor des Prozesses

Die Person, die aus geschäftlicher Notwendigkeit entscheidet, dass es eine Transformation braucht, ist beispielsweise die CEO. Sie benennt und kommuniziert

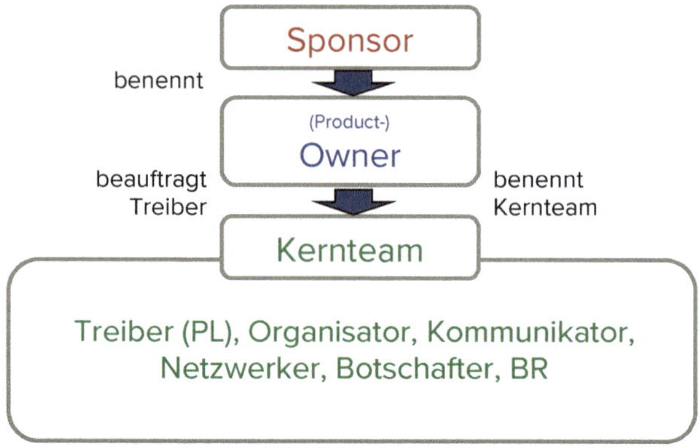

Abb. 8: Die Rollen im Prozess

das „Why" und verkörpert die hohe Priorität der Transformation in der Organisation. Zu jeder Zeit hat der Sponsor im Blick, welches Problem mit der Transformation gelöst werden soll. Sie entscheidet, wer „Owner" des Prozesses ist, legt das Budget fest und steht im regelmäßigen Austausch mit „Owner" und Kernteam. Im Außenverhältnis, also zu Kunden und Investoren, ist sie „das Gesicht" der Transformation und verkörpert sie gleichzeitig im Innenverhältnis. Die Rolle als persönliches „Vorbild" ist hier unerlässlich.

Der „Owner" des Prozesses

Trägt die operative Verantwortung („accountability") und hat eigenständige Budget- und Ressourcenverantwortung. Er ist informiert über Projektfortschritt und -schwierigkeiten und steht dazu im regelmäßigen Austausch mit Sponsor und Stakeholdern. Er benennt das Kernteam, den dazugehörigen Auftrag („scope") und steht als Coach der Beteiligten zur Verfügung.

Der Treiber im Prozess

Trägt die Verantwortung („responsibility") für die Umsetzung und Leistungsfähigkeit in der täglichen Arbeit. Er leitet das Kernteam und ist gleichzeitig Mitglied. Er hat keine hierarchische Funktion und sorgt für zeitgemäße Methoden und Werkzeuge.

Das Kernteam

Das Kernteam steuert, koordiniert und organisiert den Prozess intern als konsistente Gruppe von höchstens zehn Personen. Es bekommt seinen Auftrag direkt vom Owner, mit dem es in regelmäßigem Austausch steht. Hier laufen die Fäden zusammen, werden die nächsten Schritte beschlossen und organisiert. Mitglieder im Kernteam sollten im Unternehmen sehr gut vernetzt und allseits akzeptierte Persönlichkeiten sein. Die Kernteam-Leitung ist im Wesentlichen das Sprachrohr nach außen, hat aber keine hierarchische Funktion. Das Kernteam trifft sich wöchentlich, klärt den Status und beschließt nächste Schritte.

Wir sind als berliner team häufig Teil des Kernteams, externe Begleitung ist aber nicht notwendig, wenn Ihr die Kompetenzen „inhouse" habt.

Das Kernteam sollte aus Personen zusammengesetzt sein, die zum einen Lust auf einen solchen Prozess haben, die zum Zweiten die Zeit dafür bereitstellen können und zum Dritten über die Kompetenzen verfügen, die es für einen solchen Prozess benötigt:

- Es braucht die Kompetenz, ein Projekt zu strukturieren, zu organisieren und zuverlässig nachzuhalten.
- Es braucht kommunikative Kompetenzen, um die interne Kommunikation zu gestalten, zum Beispiel über Videokonferenzen, aber auch schriftlich über E-Mails oder ein Intranet.
- Es braucht ein grundlegendes psychologisches Verständnis für Menschen: Wie ticken diese, wie wirken Veränderungen auf sie und wie nehme ich sie mit und motiviere sie für den Prozess?
- Es braucht einen Sponsor oder „Paten" aus dem Topmanagement, der/die als Teil des Kernteams signalisiert, dass dem Topmanagement die „wertebasierte Transformation" wichtig ist und dass sie ernst genommen wird.
- Dringend empfehlen wir, von Beginn an den Betriebsrat einzubinden, so er in Deinem Unternehmen vorhanden ist.
- Um eine gute Bindung zur Mannschaft zu gewährleisten, sollte ein Botschafter Teil des Kernteams sein.
- Stelle sicher, dass Dein Kernteam „divers" aufgestellt ist. Auch wenn wir hier beim Schreiben das generische Maskulinum nutzen: Ein Kernteam aus „weißen älteren Herren" ist nicht nur nicht mehr zeitgemäß, sondern auch diskriminierend.

Um in einer Mitarbeiterversammlung einen inspirierenden Beginn anzubieten, sortierte Maria noch einmal mit dem Kernteam die Rollen für den anstehenden Transformationsprozess:

Das Kernteam fand, jetzt sei es an der Zeit, mit der eigenen Idee, mit der Initiative und dem gefundenen Claim „LentovAktiv" – den viele der Kollegen im Umfeld des Kernteams richtig gut gefunden hatten – auf die Bühne zu steigen.

Lina und Lennard hatten die Rolle der Projektsponsoren inne. Das Kernteam bestand neben den beiden, die sich auch als „Owner" der Initiative verstanden, aus:

- Maria Schneider, die als Assistenz der Geschäftsleitung immer für die praktische Organisation sorgte und die Budgets im Blick hielt. Termineinladungen für die Meetings, Moderationsleitfäden und das Zusammentragen von Resultaten betrachtete sie als ihre Passion.
- Martha Siegler behielt als erfahrene Chefin immer die vorhandenen Strukturen, die Führungskräfte und alle rechtlichen Aspekte im Blick.
- Nick Anders hatte als Teamleiter des Onlinemarketing sein Auge auf die Kommunikation der Initiative und holte sich als Unterstützung
- Max Tersen, den Azubi-Vertreter, an seine Seite. Dessen Plattform zur unternehmensinternen Kommunikation stand kurz vor der Implementierung in die hausinterne Infrastruktur. Für die Initiative passte das perfekt! Und schließlich war noch ...
- Karl an Bord, der als Führungskraft im mittleren Management die Tradition und ursprüngliche Verbundenheit mit den Lenterwerken verkörperte und sich für den Kommunikationskanal zu der Führungsmannschaft verantwortlich fühlte. Komplett wurde das Kernteam mit
- Fiona, die als zweite Azubi-Vertreterin zusätzlich die Aspekte der Inklusion und Barrierefreiheit auf ihrer Agenda hatte. Als jüngstes Mitglied des Betriebsrats stellte sie auch die Verbindung zur Mitarbeitervertretung sicher.

Martha, als erfahrene Personalerin, stellte nach der Erarbeitung eine Frage, die – bei aller Euphorie – schon bei allen im Hintergrund rumorte: „Und wie wollen wir unser gewöhnliches Tagwerk erledigen, wie sollen wir das schaffen? Nehmen wir nur Maria oder Karl, aber auch bei mir sieht es nicht anders aus: Wer soll die liegen gebliebene Arbeit erledigen oder wird erwartet, dass wir alle Doppelschichten fahren?“ Lennard vereinbarte mit Martha einen Termin, um eine Lösung bis zur großen Präsentation vor den Mitarbeitenden zu finden. Denn das war eine gute Frage ...

Die Mannschaft / Die Mitarbeitenden

Die Menschen, die im Unternehmen arbeiten, sind wesentlich die Zielgruppe oder die Nutzer, um die es geht und für die die Transformation einen Mehrwert darstellen soll. Dementsprechend müssen sie in der Transformation nicht nur gehört werden, sondern sie sind die entscheidende Quelle, die es zu nutzen gilt. In der folgenden Vorgehensweise legen wir dar, wie dies gelingen kann. Nur eine von den Mitarbeitenden getragene Kultur verspricht Sinnhaftigkeit beim Beitrag zum Unternehmenserfolg.

Die Botschafter

Die konkrete Arbeit an Werten und in Transformationsprojekten kann und sollte in Einheiten ab etwa 50 Personen oder dem gesamten Unternehmen über ein „Botschaftermodell“ unterstützt werden. „Botschafter“ sind Menschen, die den Austausch zwischen dem Kernteam und den Mitarbeitenden im Alltag herstellen. Sie „brennen“ für den Prozess, sind Delegierte, haben das „Ohr an der Schiene“, nehmen in ihren Teams Stimmungen und Meinungen auf. Sie erarbeiten mit den durch sie vertretenen Mitarbeitenden die inhaltliche Substanz, die im Kernteam aufgenommen und konsolidiert wird. Selbstverständlich können auch Führungskräfte die Botschafteraufgabe übernehmen. Während das Kernteam steuert und organisiert, sind es die Botschafter, die, in Zusammenarbeit mit ihren Führungskräften, der Motor der Transformation sind. Vom Verhältnis her braucht es etwa pro 20 Mitarbeitenden eine Person als Botschafter, damit sich die Menschen angemessen vertreten fühlen. Wir erläutern im weiteren Verlauf des Buches, wie dies genau funktioniert.

Die Führungskräfte

Linienführungskräften, also Team-, Gruppen- oder Abteilungsleitenden, fällt in einer Transformation eine besondere Verantwortung zu. Während das Tagesgeschäft weiter seinen gewohnten Gang geht, müssen andere, neue Anforderungen gleichzeitig bedient werden. Führungskräfte sind es gewohnt, dass Mitarbeitende parallel in Unternehmensinitiativen eingebunden sind. Ressourcen müssen neu, müssen anders geplant sein. Wenn Du also mit einem

„Botschaftermodell" arbeiten möchtest, sei Dir bewusst: Du nimmst Führungskräften zunächst schlicht „Ressourcen" weg, ohne dass es kurzfristig viel zu gewinnen gibt. Gleichzeitig sind sie, gemeinsam mit den Botschaftern, der „Motor" des Prozesses. Wenn Führungskräfte unterstützen und Freiräume für Mitarbeitende schaffen, dann kann das „Botschaftermodell" sehr gut funktionieren. Wird in der mittleren Führungsebene blockiert, dann gilt: „Houston, we have a problem!"

Umso wichtiger ist es, dass Sponsor und „Owner" Führungskräfte von Beginn einbinden, das „Why" verdeutlichen und für ein angemessenes Commitment sorgen. Da in vielen Transformationsprozessen die Frage „Wie wollen wir eigentlich bei uns führen?" recht schnell zum Thema wird, ist es wenig überraschend, dass Führungskräfte nicht immer sofort einen „Transformations-Fanclub" gründen. Auch eine gut vernetzte und im Führungskreis akzeptierte Führungskraft sollte unbedingt Teil des Kernteams sein.

Wie viel Zeit bzw. Ressourcen räumt Ihr dem Prozess ein?

Vielleicht stellst Du Dir die Frage, wie lange es dauert, bis Ergebnisse spürbar sind. Eine Faustregel sagt: Eine Strategie ändert man in 100 Tagen, die zugehörige Organisationsstruktur in einem Jahr, ein Kulturwandel braucht jedoch einen richtig langen Atem. Wir sprechen hier zum Teil über mehrere Jahre.

Folgende Zeiten sind realistisch (je kleiner die Einheit, desto schneller ist es möglich):

Rechne damit, dass es mindestens drei bis fünf Monate dauert, auch wenn Ihr schnell seid, bis Ihr ein gemeinsames Zielbild/Leitbild formuliert und so die gewünschte Kultur definiert habt. Auch hier ist der Weg schon ein Teil des Zieles, die Einbindung aller Menschen in den Dialog bringt Themen ins Rollen und Aufbruchsstimmung mit sich. Und trotzdem wird sich die Organisation dann gefühlt gerade erst auf den Weg gemacht haben.

Wiederum braucht es einige Monate, bis Ihr aus dem Zielbild konkrete Transformationsprojekte definiert habt. Auch dies geschieht wieder unter Einbindung aller Mitarbeitenden und natürlich gilt auch hier: Je kleiner die Organisation, desto schneller geht es.

Erst dann werden konkrete Themen angegangen: Manche dieser Projekte werden schnell umzusetzen sein, manche werden sich über einen längeren Zeitraum hinziehen. Konsequentes Nachhalten und eine gute Kommunikation mit der Mannschaft stellen sicher, dass der Kulturprozess am Leben bleibt und wirkliche Veränderungen sichtbar werden.

Was die Ressourcen betrifft, braucht es auch noch eine andere Entscheidung: Wie viel Zeit sollten einzelne Projektbeteiligte dieser „wertebasierten Transformation“ widmen können?

Natürlich ist die Frage etwa so leicht zu beantworten wie die Frage: „Wie viele Stockwerke hat ein Hochhaus?“ Die Antwort kann nur sein: „Es kommt darauf an!“ Je schneller es gehen soll, desto mehr Arbeitszeit pro Woche/Monat muss dafür investiert werden. Je größer die Organisation ist, desto mehr Aufwand ist es für das Kernteam, den Prozess zu steuern.

Richtwerte aus unserer Praxiserfahrung sind die folgenden:

- Bei einer Organisation mit 2000 Mitarbeitenden, in der die „wertebasierte Transformation“ sehr konsequent und auch schnell vorangetrieben wurde, waren zwei Kollegen im Kernteam mit je einer halben Stelle beschäftigt, weitere fünf Personen waren mit einem Tag pro Woche dabei. Jedes Mitglied des Botschafterteams hat im Schnitt einen halben Tag pro Woche aufgewendet. Weitere Personen im Unternehmen haben sich zeitweilig in kleinen Projekten engagiert, die mitunter einen deutlichen Anteil an ihren Ressourcen eingenommen haben.
- Bei einem Mittelständler mit rund 200 Personen war eine Person im Kernteam mit einer drittel Stelle beschäftigt, weitere zwei Personen waren mit ca. einem halben bis ganzen Tag pro Woche dabei, und das Botschafterteam hat pro Monat einen Tag aufgewendet.
- Bei einer Abteilung mit 30 Menschen gab es ein Kernteam mit fünf Personen, die etwa einen Tag pro Woche für den Prozess verwendet haben. Die Kolleginnen waren alle zwei Monate mit etwa einem halben Tag eingebunden.

Entscheidet Euch also, wie wichtig die „wertebasierte Transformation“ für den Unternehmenserfolg, wie groß der Handlungsdruck ist und wie zügig es gehen soll, und dann stellt entsprechende Ressourcen dafür bereit. Menschen dieses Projekt zu überlassen, die bereits zu 120 Prozent ausgelastet sind, sorgt nur dafür, dass es schleppend vorangeht. Wenn große Ankündigungen bei Mitarbeitenden eine Erwartungshaltung auslösen und hinterher nichts passiert, ist die Frustration groß. Das darf Euch nicht passieren. Wer zu Beginn mit einem klaren WHY startet, wird leicht auch businessrelevante Transformations-Initiativen ableiten können.

Lina und Lennard waren stolz und glücklich, ein absolut motiviertes Team für die in der Transformation nötigen Schritte beisammenzuhaben. Martha hatte als HR-Verantwortliche aber den entscheidenden Punkt benannt: Dynamik erhält sich nur, wenn das Ganze nicht auf Verschleiß gefahren wird. „Wie können wir dafür sorgen, die entscheidenden Player nicht systematisch zu überfordern?“, fragten die beiden sich. „Nun, ich schlage vor“, hob Lennard an, „Maria komplett von den bisherigen Aufgaben zu entbinden. Wir beide werden selbst die ‚Sekretariatsaufgaben‘ ordnen und minimieren. Reisebuchungen können mithilfe von professionellen Portalen und einer guten Einweisung von den Kollegen selbst übernommen werden. Hier muss nur einmal der Prozess gut durchdacht werden. Und die vorbereitende Buchführung werden wir an unser Steuerbüro übergeben. Handgestricktes Controlling mit Excel wird zügig beendet und professionalisiert. Vier Werkstudenten werden an den beiden Standorten vollständig für die Initiative als Assistenz für Maria und als Ansprechpartner umgewidmet. Und dann werden wir zügig unser Botschafterkonzept umsetzen: Für jeden Unternehmensbereich sollte ein Botschafter oder eine Botschafterin als Ansprechpartner da sein, jeweils eine Person auf 20 Mitarbeitende. Also lass uns ungefähr 20 Freiwillige finden, die unserer Initiative die richtige Verankerung in die Mannschaft ermöglichen.“ „Mein Bruder, das hört sich schon nach einem guten Plan an. Wie kommst du auf diese Idee?“ „Nun, ich habe heute Nacht überhaupt nicht schlafen können ... das Ziel ist so attraktiv und ich will, dass die Beteiligten für ihren Einsatz nicht durch Überlastung bestraft werden, sondern gestärkt und mit Freude unsere Ideen vorantreiben. In der Tat: Ich bin heute Morgen um 05.00 Uhr aufgestanden und habe dafür schon einen ersten Vorschlag in den Chat eingestellt.“ „Alle Achtung“, sagte Lina. „Genau darum geht es: Denjenigen gegenüber ‚Respekt‘ zu zeigen, die sich einbringen, ohne gleich zu fragen, was sie selbst und persönlich davon haben.“

6. WERTEWANDEL IN ZEHN SCHRITTEN DURCH DIE „WERTEBASIERTE TRANSFORMATION“

Nun geht es also wirklich los. Alle Rahmenbedingungen sind geklärt, die Rollen verteilt, Ihr steht in den Startlöchern. Der erste Schritt ist, die betroffenen Menschen Eures Prozesses zu Beteiligten, ja zu Verbündeten und Mitstreitern zu machen.

Schritt 1: Menschen beteiligen und gewinnen – gemeinsam durchstarten

Wozu eigentlich?

Wozu sollten wir Mitarbeitende beteiligen? Wäre es nicht viel besser, wenn das Management die Werte definiert und Projekte für die Transformation aufsetzt? Das ginge schneller, würde Ressourcen sparen und die Werte wären dann auch die „richtigen“, nämlich die, die für die Zukunft notwendig sind. Wer weiß, was sich die Mitarbeitenden alles wünschen, wenn man ihnen den Prozess überlässt?

Tatsächlich gebt Ihr ein Stück Kontrolle ab, wenn Ihr die „wertebasierte Transformation“ mit der gesamten Mannschaft aufsetzt und plant. Doch was Ihr gewinnt, ist um so vieles größer: Ein Kulturwandel ist nur dann erfolgreich, wenn er auf breiter Basis akzeptiert und umgesetzt wird.

Eine neue, veränderte und zeitgemäße Kultur zu entwickeln heißt aufzunehmen, was bereits da ist, nämlich die Werte der vielen Einzelnen und die noch gelebte Kultur, und daran anschlussfähig gemeinsam etwas Neues zu entwickeln. Kulturentwicklung per Dekret funktioniert nur, wo Menschen als Objekt betrachtet werden. Wir raten dringend, eine Kultur für die Menschen in einer Organisation auch mit den Menschen zu entwickeln.

Wenn nur eine kleine Gruppe von Führungskräften oder Experten für die Veränderungen verantwortlich ist, besteht das Risiko, dass die „wertebasierte Transformation“ auf Widerstand stößt und nicht nachhaltig zum Fliegen kommt. Indem alle Mitarbeitenden in den Prozess einbezogen werden und ihre eigenen Ideen und Perspektiven einbringen können, fühlen sie sich als Teil des Veränderungsprozesses. Ihr erreicht ein höheres Maß an Engagement und Motivation und damit viel mehr Power im Gesamtprozess. Zudem führt die

Berücksichtigung unterschiedlicher Meinungen und Bedürfnisse zu besseren Lösungen für alle und damit zu einer breiteren Akzeptanz.

Wann sollten die Mitarbeitenden zum ersten Mal informiert werden?

Die betroffenen Menschen in der Organisation sollten von Anfang an dabei sein, denn so werden sie zu Beteiligten. Das heißt, sobald das Set-up der Transformation klar ist und Ihr die ersten Schritte geplant habt, gehört eine Einbindung der Kollegen dazu.

Und auch nach der ersten Information sollte es zügig weitergehen. Bis zur ersten Erfahrung der Beteiligung sollte nur wenig Zeit vergehen, anderenfalls entsteht der Eindruck, es passiere nichts. Ein Momentum zu erzeugen, ist hier sehr entscheidend.

Wir schlagen vor, eine Kick-off-Veranstaltung zu initiieren, wenn alle Rahmenbedingungen geklärt und die ersten Rollen definiert sind, die Organisation und Kommunikation besprochen wurden und ihr mit der Erhebung des Werteprofils loslegen möchtet.

Kommunikation an alle – Transparenz und Partizipation als Grundprinzipien

Generell gilt: Wichtige Informationen sollten zeitgleich an alle Menschen der Einheit / der betreffenden Organisation gesendet werden. Immer dann, wenn es darauf ankommt, dass eine Information richtig verstanden wird, solltet Ihr Euch nicht auf Kommunikationskaskaden verlassen. Sicherlich kennst Du das Spiel „Stille Post". Unsere Erfahrung ist, dass bei einer Kommunikation über mehrere Stufen am Ende nie alle das Gleiche verstanden haben.

Achtet darauf, wichtige Informationen persönlich zu übermitteln. Es gilt:

- „Per E-Mail geschickt ist nicht gesehen"
- „Gesehen ist nicht gelesen"
- „Gelesen ist nicht verstanden"
- „Verstanden ist nicht umgesetzt"

Um Konflikte und Missverständnisse zu vermeiden, gilt, dass die persönliche Kommunikation besser als die Videokonferenz, die Videokonferenz besser als die Telefonkonferenz und die Telko besser als die schriftliche Kommunikation ist.

In regelmäßigen Abständen ist also eine persönliche Kommunikation an alle hilfreich. In großen Organisationen, insbesondere wenn sie über mehrere Standorte verteilt sind, stehen natürlich die Belastung in Form von Reisezeit und Reisekosten in keinem Verhältnis zu dem empfundenen Mehrwert einer häufigen persönlichen Kommunikation. Diese ist dann nur die Ausnahme (also vielleicht als Mitarbeiterversammlung einmal im Jahr). Für unseren Veränderungsprozess muss in den meisten Fällen eine Videokonferenz ausreichen. Findet eine Form, die für Eure Organisation passt und bei der Aufwand und Nutzen im angemessenen Verhältnis steht.

Bei Google gibt es zum Beispiel die sogenannten All-Hands-Meetings, an denen alle Mitarbeitenden weltweit teilnehmen können. Dort werden Unternehmensnachrichten, Informationen und Strategien geteilt sowie Erfolge gefeiert. Die Teilnahme ist freiwillig. Diese Meetings werden oft aufgezeichnet, sodass sie für diejenigen verfügbar sind, die nicht live daran teilnehmen konnten.

Bei den Lenter Maschinenwerken fand nun monatlich ein gemeinsames Mittagessen statt. Die Teams in Görlitz trafen sich regelmäßig zum „Bämmekatschn", in Bamberg zur „gemeinsamen Brotzeit". Sie kamen in ihren jeweiligen Aufenthalts- oder Konferenzräumen zusammen, plauderten miteinander und genossen die Snacks. Meist spendierte das Unternehmen einen Eintopf oder Nudeln. Wenn alle gegessen hatten, wurden über Videokonferenz wichtige Informationen mit allen Kollegen geteilt. Manchmal waren dafür Lina und Lennard als Unternehmensleitung dabei, manchmal jemand von den Botschaftern oder jemand aus dem Kernteam, der gerade wichtige Themen vorantrieb. Die neuen großen Bildschirme in diesen Räumen ließen das fast wie eine persönliche Begegnung wirken. Bei mehreren dieser Meetings war der große Kick-off angekündigt worden. Die Einladung zur Teilnahme an der ValueParty wurde mit viel Leidenschaft von den Botschaftern vorgetragen und Max war stolz, den Link zur App über die Kommunikationsplattform zu verbreiten und den älteren Kollegen zu helfen, diese auch praktisch zu benutzen.

Solche Formate sind ausgezeichnet geeignet, um über Eure „wertebasierte Transformation" zu informieren und Menschen zum Mitmachen einzuladen. Wenn es um ein Team oder einen Bereich geht, ist es vielleicht das Teammeeting oder die Bereichskonferenz. Je mehr Menschen dabei sein sollen, desto größer ist das Meeting.

Falls es in Deiner Organisation noch kein Format gibt, mit dem Ihr alle Mitarbeitenden zusammenbringt und gemeinsam informieren könnt, dann wäre nun die Gelegenheit, dies einzuführen. Das hat folgende Vorteile – nicht nur für eine „wertebasierte Transformation“:

- Transparenz: Jeder hat Informationen aus erster Hand. Das verringert Missverständnisse und gibt allen ein Bewusstsein vom eigenen Beitrag zum großen Ganzen.
- Motivation: Durch die Vermittlung von Erfolgen, Zukunftsplänen und Visionen des Unternehmens fühlen sich Mitarbeitende auf Augenhöhe ernst genommen und identifizieren sich stärker mit dem Unternehmen.
- Mandatierung von Akteuren durch das Management: Insbesondere bei Projekten und Initiativen, bei denen Partizipation gefördert werden soll, muss das Management klar Rückhalt bekunden und den Akteuren einen Handlungsauftrag, eine Erlaubnis spürbar erteilen. Ohne dies werden bisherige Strukturen, Prozesse und Praktiken jedes Vorankommen verhindern.
- Bekanntheit und Vertrautheit der Akteure: Gerade für Initiativen und Projekte außerhalb des Gewöhnlichen dürfen handelnde Personen sich vorstellen und Ziele und Beweggründe erläutern. Sie sind dann nicht mehr „Fremde“, die uns bei unserer Arbeit stören, sondern bekannte Rollenträger, zu denen das Vertrauen wachsen kann.
- Zusammengehörigkeitsgefühl: Die Meetings fördern den Zusammenhalt innerhalb des Unternehmens, da alle die gleichen Informationen und Einblicke erhalten und das Gesamtteam häufiger im Miteinander erlebt werden kann.
- Effizienz: Durch die Möglichkeit, Informationen und Entscheidungen auf globaler Ebene schnell und effektiv zu kommunizieren, können Entscheidungen und Veränderungen schneller umgesetzt werden.

Ein Tool, eine Plattform für regelmäßige Kommunikation und Information

Ergänzend zum Veranstaltungsformat, an dem alle teilhaben können, darf und sollte es auch eine Plattform geben, auf der Informationen, Ergebnisse, Erfolgsmeldungen und Erfahrungen veröffentlicht werden. Jede und jeder mit Interesse kann sich hier regelmäßig über das Projekt informieren. Dies könnte ein

Intranet, ein „Teams-Kanal“ oder eine Mitarbeiter-App sein. Wichtig ist nur, dieses Tool beständig zu aktualisieren. Jemand muss sich dafür verantwortlich fühlen, das Tool lebendig zu halten.

Den Link für die Erhebung der „Wertestatements“ der Kolleginnen und Kollegen über die neue Kommunikationsplattform zu verteilen, hatte zu großer Akzeptanz geführt: Einfach, übersichtlich und mit guten Hilfsfunktionen ausgestattet, war sie Werbung für sich selbst gewesen. Viele hatten sehr bald geantwortet, die Restlichen würden sie später beim Kick-off einwerben – Freunde von Max von der nahe liegenden Hochschule hatten kurzerhand ihre Bachelorarbeiten auf dieses Vorhaben umgewidmet. Der Name „LenterFutur“ schien ganz passend, die Zielrichtung der Gesamtinitiative auszudrücken, und es lief gut an.

Die Kick-off-Veranstaltung

Bislang seid Ihr in Euren Planungen noch im kleinen Team unterwegs. Das Management weiß Bescheid, der eine oder die andere Kollegin, die sich an dem Projekt beteiligt, auch. Doch die gesamte Mannschaft ist noch nicht informiert. Nun kommt der Moment, damit nach draußen zu gehen. Startet am besten mit einem Kick-off und ladet alle ein, die in den Prozess in irgendeiner Form eingebunden werden.

Unser Tipp ist, wirklich alle zu informieren, die in der betreffenden Organisationseinheit arbeiten. Und wenn der Kulturprozess das ganze Unternehmen betrifft, so ladet die komplette Belegschaft zum Kick-off ein.

Dieser Kick-off hat bei uns die folgenden Bestandteile:

- Der Sponsor/Pate des Prozesses betont, wie wichtig der Prozess für das Unternehmen ist. Hier geht es darum, die Vision, den Zweck und die Notwendigkeiten zu kommunizieren, die das Handeln leiten. Hat sich die Umwelt geändert und muss sich deshalb auch beim Unternehmen etwas ändern, dann gehört dieser Aspekt hier hinein. Gab es Befragungen der wichtigsten Stakeholder des Unternehmens, so sollten die Ergebnisse hier benannt werden (das WHY).
- Die Rollen im Projekt werden – soweit sie schon feststehen – vorgestellt und die Akteure klar durch das Management mandatiert. Auf jeden Fall aber der „Owner“ und der Treiber, vielleicht gibt es auch schon ein Kernteam oder

dieses wird noch gesucht. Ein Projekt ohne Auftrag, Namen und Gesichter ist nur eine Idee, kein Projekt.

- Der Prozess wird erläutert – zumindest aber die ersten Schritte des Prozesses (das WIE). Je nach Vorgehen können an dieser Stelle schon Hintergründe zum Graves-Modell geliefert werden, damit das Erstellen des Werteprofils leichter geht.
- Die konkreten To-dos für die Mitarbeitenden werden formuliert (zum Beispiel: Ihr bekommt eine Mail mit Fragen, zu denen Ihr Eure Werte bestimmt, Ihr erhaltet einen Link zur ValueParty-App … bitte bis zum xy ausfüllen …)
- Bei größeren Organisationen gibt es zusätzlich einen Aufruf „Botschafter/Botschafterin gesucht" und es wird beschrieben, welche Verantwortungen mit dieser Rolle verbunden sind. Welche Botschafter Ihr braucht, wird später noch im Detail beschrieben.
- Zum Schluss bietet sich eine Einheit mit Fragen und Wünschen der Kollegen an. Erste Resonanz kann so den Handelnden mehr Sicherheit vermitteln.

Es war aufregend. Das Kernteam hatte regelrecht Lampenfieber, nun mit der Initiative vor die gesamte Mitarbeiterschaft zu treten. Innerhalb von drei Wochen hatte das Team mit meisterhafter Präzision für eine Mitarbeiterversammlung gesorgt: Plakate, eine Reihe von Kurzpräsentationen aller Führungskräfte in ihren jeweiligen Teams vorab, Infoveranstaltungen, auch vom Betriebsrat, und der erste Funktionstest der neuen Kommunikationsplattform „LenterFutur" waren großartig gelaufen: Fast alle Azubis und mehr als 100 Weitere waren schon an Bord; Max' Idee, für alle, die sich anmelden, zwei Freigetränke bei der jährlichen Azubi-Party auszugeben, hatte wohl für Zulauf gesorgt. Und Nick war so einfallsreich gewesen, die Eintrittskarten als kleinen Folder zu gestalten, auf dem der Projekt-Kick-off in der Kantine beworben wurde. Die Kantine war freigeräumt worden und mittlerweile saßen die Besucher auch nicht mehr auf wackligen alten Holzstühlen, sondern auf Sitzen, die sofort Freude bereiteten, wenn man auf ihnen hin- und herwippte. Der Begrüßungstrank am Eingang, gereicht von den Azubis mit T-Shirts, auf denen „LenterFutur" und „LentovAktiv" mit dem Logo sichtbar waren, gaben dem Ganzen eine humorvolle und dynamische Note. Und nun füllte sich die Halle. Erstaunlich … mit dem Claim „LentovAktiv" und der starken Unterstützung von Azubis, Betriebsrat und Führungskräften war wohl Neugier entstanden: Sogar drei voll besetzte Reisebusse mit den Kollegen und Kolleginnen aus Bamberg waren angekommen … Es konnte losgehen.

Lina und Lennard hatten sich gut vorbereitet: Im Netz hatten sie das Format „Change-Storyline“ gefunden und es gemeinsam mit dem Kernteam vorbereitet und den Vortrag einige Male geprobt: Die griffige, aufrichtige und optimistische Kommunikation mit viel Dynamik war mitreißend. So viele Menschen und die beiden jungen Geschwister auf der Bühne, auf der so viele Jahre lang ihr Vater zu beeindrucken wusste.

Der Vortrag der beiden lief nach folgender Logik:

- „Wo wir herkommen …“: Hier führte Lennard aus, was in der Vergangenheit bei Lenter gut gelungen war, wie die Welt noch vor wenigen Jahren ausgesehen hatte, als die alte Kultur und alte Vorgehensweisen noch gepasst haben und wodurch Lenter so erfolgreich wurde.
- „Aber die Dinge haben sich verändert …“: Lina fasste zusammen, welche Veränderungen der Umwelt, des Marktes, der Branche, ihrer Kunden und auch der Technologie sie heute vorfinden, die eine Entwicklung und Veränderung der Firma notwendig machten. Die vorher ausgearbeiteten Punkte des WHY fanden hier Platz.
- „Also werden wir nun …“: Lennard benannte das Vorhaben. Er ging noch nicht ins Detail, sondern zeichnete zunächst einmal das große Bild: „Unsere Vision der Lenter Maschinenwerke ist es, das Unternehmen modern und innovativ aufzustellen, um es sowohl für die bestehenden Mitarbeitenden als auch für junge Bewerber und Kandidatinnen attraktiv zu machen. ‚LentovAktiv‘ ist der Claim, der für die Transformation stand/steht.“
- „Im Einzelnen ist die Idee …“: Hier beschrieb Lennard die einzelnen Schritte, die sie gemeinsam vor sich hatten, und gab konkrete Hinweise, wie die ersten Wochen und Monate ablaufen würden, welche Pläne es schon gab und was diese für die Kollegen bedeuteten. Auch die Rollen im Projekt wurden vorgestellt: Maria als Treiberin erläuterte das Werteprofil als Ausgangspunkt des Prozesses. Auch die anderen Mitglieder des Kernteams stellten sich den Kollegen noch mal vor: Nick aus dem Marketing beschrieb seine Vorstellungen zur Kommunikation in der Transformation und auch Martha sagte ein paar Worte – gemeinsam mit Fiona, die für den Betriebsrat den Prozess unterstützte.

- „Es wird vielleicht nicht leicht sein, weil …“: Lina kannte bereits mögliche Einwände, die aus der Mannschaft kommen könnten. Zum Beispiel wusste sie, es würde Zeit und Geld kosten und alte Gewohnheiten müssten aufgebrochen werden. Nachhaltig dranzubleiben, würde die wesentliche Herausforderung sein, obwohl es Widerstände geben würde. Mit einfühlsamen Worten benannte sie diese Themen und äußerte Verständnis dafür.
- „Aber ich weiß, wir werden es schaffen, weil …“: Gleichzeitig betonte Lina, dass es keinen anderen Weg gab, dass sie aber tief und ehrlich an den Erfolg glaubte. Sie benannte die Eigenschaften der Organisation, die ihr Mut machten, äußerte Wertschätzung für die Mitarbeitenden und erwähnte einige andere Punkte, die positiv auf den Prozess einwirken könnten.
- „Warum wir euch also bitten möchten, was wir von euch brauchen …“: Hier führte Lennard noch mal auf, welchen Beitrag es von den Kollegen brauchte, sowohl konkret im Verhalten als auch in der Haltung. Maria erläuterte, welche Schritte getan werden müssten, um das Werteprofil zu erstellen. Auch startete sie den Aufruf „Botschafter gesucht“ und bat die Kollegen, sich bei ihr zu melden. Etwas grundsätzlich Neues führte Lennard mit Bescheidenheit ein: „Wir werben dringend für eine neue Fehlerkultur. WIR machen Fehler und werden auch weitere machen. Lasst uns anspruchsvoll, aber mit Wohlwollen miteinander umgehen. Wie sich unsere Kultur entwickeln wird, wissen wir nicht genau, aber wir als Geschäftsführung möchten dieses Element einbringen, in unsere gemeinsame Zukunft.“
- „Und denkt daran …“: Lina fasste noch mal zusammen, weshalb es sich lohnen würde, die wertebasierte Transformation voranzutreiben.
- „Welche Fragen/Anmerkungen habt ihr?“ Zum Schluss gab es Raum für die Kollegen, um Fragen und Anmerkungen loszuwerden. Für zehn Minuten wurden sie in Breakout-Sessions eingeteilt, in denen sie diskutierten, was sie von den Plänen hielten und welche Fragen noch offen waren. Anschließend gab jede Gruppe eine kurze Zusammenfassung ihrer Diskussion. Fragen wurden direkt vom Kernteam beantwortet. So startete das Ganze von Anfang an als Dialog, als Austausch, mit einer Debatte, und eben nicht als Monolog von der Kanzel herab.

Diese Schritte bieten auch Euch eine erprobte, runde Struktur, die schon in vielen Veränderungsprozessen die Notwendigkeit aufgezeigt, positiv auf die Motivation der Menschen gewirkt und die Sorgen und Bedenken aufgegriffen und gewürdigt hat.

Der letzte Block, in dem Fragen und Anmerkungen aus der Mannschaft zugelassen werden, kann natürlich entsprechend der Teilnehmeranzahl gestaltet werden. Menschen trauen sich ab einer bestimmten Menge von Personen weniger, offen ihre Fragen und Bedenken zu äußern. Je größer die Truppe ist, desto wichtiger ist es, dass ihr zunächst Kleingruppen bildet, in denen gemeinsam Fragen und Anmerkungen gesammelt werden können.

In einer Videokonferenz helfen Breakout-Sessions mit der Bitte, sich über Fragen und Anmerkungen zum geplanten Vorhaben im kleinen Kreis auszutauschen, so wie Lennard und Lina es gemacht haben. Eine abgestimmte Gruppenmeinung lässt sich einfacher vor vielen Menschen vortragen. Bei einer sehr großen Mannschaft können Fragen oder Anmerkungen auch einfach in den Chat gestellt werden. Ein Moderator liest diese dann vor und die Verantwortlichen beantworten Fragen.

Unserer Erfahrung nach kann ein Kick-off gut in ein bis eineinhalb Stunden durchgeführt werden. Größere Organisationen bieten dieses Format mehrfach an, damit auch wirklich alle Kolleginnen und Kollegen die Chance haben teilzunehmen. Zum Beispiel könnte die Veranstaltung an einem Tag vormittags und nachmittags angeboten werden oder an zwei verschiedenen Tagen, um auch Abwesende ins Boot zu holen. Auch Veranstaltungen in unterschiedlichen Sprachen machen bei internationalen Unternehmen Sinn.

Viele Organisationen entscheiden sich dafür, die Kick-off-Veranstaltung als Video aufzunehmen und den Kolleginnen online zur Verfügung zu stellen. So kann sich jede, die nicht anwesend sein konnte, die Veranstaltung auch im Nachgang ansehen.

Wenn Ihr Euch bei der Erstellung des Werteprofils für die Arbeit mit den ValueParty-Karten in einem Großgruppenformat entscheidet (siehe nächster Schritt), kann es sogar Sinn machen, den Kick-off und das Werteprofil innerhalb der gleichen Veranstaltung in Präsenz durchzuführen. Das macht Spaß, stärkt das Wirgefühl und ist ein spektakulärer Start in einen motivierenden Prozess. Vom kleinen Teamevent mit einer Handvoll Personen bis zur Mitarbeiterversammlung mit mehreren Hundert Teilnehmenden – hier ist vieles möglich.

Schritt 2: Werteprofil erstellen

Alle sind informiert, es kann losgehen! Jetzt gilt es, das Werteprofil zu erstellen. Denn dies ist die IST-Analyse und der Ausgangspunkt, um von dort aus den Veränderungsbedarf zu beschreiben und Maßnahmen abzuleiten.

Um das Werteprofil zu erstellen, gibt es mehrere Möglichkeiten, die wir Dir vorstellen möchten.

Grundsätzliches Vorgehen

Für alle Varianten gilt:

- Stellt sicher, dass Ihr die Kontaktdaten von allen Personen habt, die an der Erstellung des Werteprofils beteiligt sein sollen.
- Sorgt dafür, dass alle vorher informiert werden.
- Entscheidet, ob das Werteprofil in Präsenz auf einer Veranstaltung erstellt wird oder ob Ihr den Menschen zwei bis drei Wochen Zeit dafür lassen wollt. Wenn Ihr die Kollegen zu einer Präsenzveranstaltung einladen möchtet, dann kann diese natürlich auch mit dem Kick-off zusammenfallen.
- Verschickt eine Einladung zur Erstellung des Werteprofils oder für die Präsenzveranstaltung, in der ihr auf Basis der Informationen, die die Menschen bereits haben, den Sinn und Zweck (das WOZU) des Werteprofils benennt sowie die einzelnen Schritte zur Erstellung beschreibt.
- Gebt einen Hinweis zur Vertraulichkeit: Ihr solltet sicherstellen, dass Informationen über Einzelergebnisse den kleinen Kreis derer, die an der Auswertung der Ergebnisse beteiligt sind, nicht verlassen.
- Gebt einen Kontakt an, an den sich die Kollegen bei Fragen wenden können.
- Wenn das Werteprofil erstellt ist, ist es entscheidend, dass Ihr es mit allen teilt, die daran beteiligt waren und im weiteren Verlauf der Transformation eine Rolle spielen. Dafür stellen wir Euch in diesem Kapitel ein Workshopformat vor.

Hier nun also die drei Varianten:

Werteprofil ohne weitere Hilfsmittel erstellen

Insbesondere für kleinere Teams, die auf ihr Budget achten müssen, schlagen wir Euch diese Variante vor, bei der Ihr ohne weiteres Zubehör loslegen und das Werteprofil im Team erstellen könnt. Im Anhang findest Du die 7 Cluster mit ihren jeweils 16 Unterwerten (siehe Kapitel 11: Anhang). Wenn Ihr in Eurem Team für Euch ein Werteprofil erstellen wollt, dann könnt Ihr auch direkt mit diesen 112 Werten arbeiten und dafür sorgen, dass alle Beteiligten diese zur Verfügung haben, zum Beispiel als Scan.

Vereinbart einen Zeitraum, innerhalb dessen sich jedes Teammitglied für sich Gedanken über nachfolgende Fragen macht.

1. Welche fünf Werte sind mir persönlich in meinem Arbeitskontext am wichtigsten?
2. Was sind die fünf derzeitig im Unternehmen am stärksten „erlebbaren" Werte?
3. Was sind die fünf wichtigsten Werte, damit das Unternehmen heute und in Zukunft erfolgreich ist?

Macht Euch am besten vorher Gedanken, wie Ihr die Antworten der Kollegen sammeln wollt. Erhaltet Ihr die Dokumente zurück, die Ihr ausgegeben habt? Dann stellt sicher, dass leicht erkennbar ist, zu welcher Frage die jeweiligen Antworten und zu welcher Farbe, also zu welchem Mem, die ausgewählten Werte gehören.

Nach dem Rücklauf der Antworten gilt es zu zählen: Wie viele Antworten gibt es je Mem zu den drei Fragen? Ihr könnt das Ganze in einer Exceltabelle festhalten und dabei die Felder nutzen, um entsprechend der Anzahl der Antworten die Balkenhöhe zu bestimmen. Der jeweils erste Balken eines jeden Mems entspricht der Anzahl der Antworten zu der ersten Frage, der zweite Balken der Anzahl der Antworten zur zweiten und der dritte Balken der Anzahl der Antworten zur dritten Frage.

Wie man ein solches Werteprofil liest, haben wir bereits in Kapitel 4 beschrieben.

Leicht könnt Ihr Euch vorstellen, dass diese händische Art und Weise der Erstellung des Werteprofils ihre Vor- und Nachteile hat. Ist diese Variante zwar einerseits kostengünstig realisierbar, so ist das händische Auszählen mit zunehmender Anzahl der Teammitglieder doch recht aufwendig und fehleranfällig.

Wenn Ihr das Werteprofil erstellt habt, braucht Ihr Gelegenheit, um dieses den Kollegen vorzustellen, die Us und Peaks zu diskutieren und Veränderungsdynamiken herauszuarbeiten. Das kann ein Termin, es können aber auch mehrere Termine sein. Ihr könnt den Termin online durchführen oder Euch zusammensetzen. Vielleicht feiert Ihr sogar eine kleine „ValueParty-Party"?

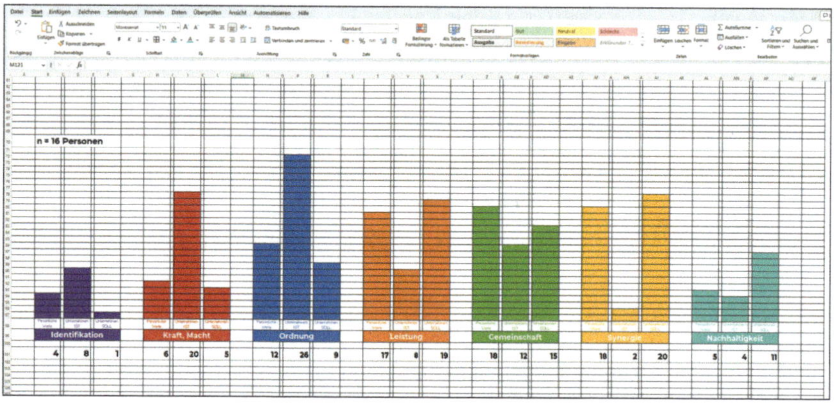

Abb. 9: Das Werteprofil in Excel

Wenn Ihr als Team, Bereich oder Unternehmen ohnehin auf Präsenzmeetings setzt, könnte auch die Arbeit mit dem ValueParty-Kartenspiel eine gute Idee sein.

Das ValueParty-Kartenspiel für Präsenzveranstaltungen

Ursprung unserer ValueParty war ein von uns entwickeltes (tatsächlich „physisches“) Kartenspiel, das uns und vielen anderen auch heute noch großartige Dienste leistet. Mit den 112 Spielkarten, die alle Werte des Graves-Systems mit ihrer ausformulierten Bedeutung enthalten, lässt sich in einer Präsenzveranstaltung hervorragend arbeiten. Mit mehrfachen Spielkartensätzen und einem spielerisch gestalteten Rahmen können Gruppen bis zu 150 Personen mit viel Spaß und Austausch innerhalb eines halben Tages ein sehr präzises Bild von Werten, Kultur und Handlungsfeldern erhalten.

Insbesondere für kleine Gruppen und Teams (4–15 Personen) setzt das Kartenspiel einen sehr angenehmen Rahmen, sich den eigenen und gemeinsamen Werten zu nähern.

Um die ValueParty in Präsenz durchzuführen, arbeitet Ihr am besten in einem großen Raum mit offenem Stuhlkreis, sodass der Fußboden in der Mitte frei ist und sich Menschen im Raum frei bewegen können.

Ein typischer Ablauf einer solchen Veranstaltung, in die auch der Kick-off integriert ist, könnte sein:

1. Begrüßung / Organisatorisches: Sagt etwas zu den Pausen, zum Essen und zum zeitlichen Ablauf der Veranstaltung.

2. WOZU dieses Treffen / das WHY der wertebasierten Transformation: Der Sponsor des Prozesses sollte das WOZU der wertebasierten Transformation benennen. Vielleicht geht sie / er auf die Veränderungen in der Welt oder auch auf Veränderungen im Unternehmen ein. Das Ziel des Prozesses sollte herausgestellt werden sowie ein Überblick über den Ablauf der Transformation gegeben werden. Natürlich sollten auch die Rollen für den Prozess (und alles andere, was auch unter Kick-off steht) vorgestellt werden.
3. Blitzlicht: An dieser Stelle könnte jede der Beteiligten Erwartungen und Resonanz zum eben Gesagten mit den anderen teilen. Bei großen Gruppen könntet Ihr Murmelgruppen bilden, damit sich Menschen trauen, sich zu Wort zu melden.
4. Definitionen: Es folgen eine Einordnung zum Begriff „Werte" sowie ein paar Worte zum Thema Kultur und wie sich der Zusammenhang darstellt (siehe Kapitel 2).
5. Persönliche Werte: Die Karten liegen zu diesem Zeitpunkt auf Stehtischen oder in Kreisen auf dem Boden aus. Bittet alle, dass sie sich im Raum frei bewegen und sich dabei die Frage stellen, welche Werte ihnen persönlich im Arbeitsleben besonders wichtig sind. Die Menschen dürfen sich eine Viertelstunde Zeit nehmen, um als Antwort auf diese Frage die fünf wichtigsten Werte für sich herauszufinden.
6. Austausch über die persönlichen Werte: Im nächsten Schritt finden sich die Kollegen zu dritt oder viert zusammen und tauschen sich über ihre wichtigsten Werte aus. An welchem Verhalten würde man es merken, wenn dieser Wert im Team / im Unternehmen gelebt werden würde?
7. Das Modell: An dieser Stelle könntet Ihr die Theorie hinter dem Werteprofil erläutern, also die Graves-Theory und die Meme vorstellen.
8. Unternehmens-Ist und -Soll: Nun folgen Frage 2 und 3, also:
   2. Was sind die fünf derzeitig im Unternehmen am stärksten „erlebbaren" Werte?
   3. Was sind die fünf wichtigsten Werte, damit das Unternehmen heute und in Zukunft erfolgreich ist?

   Für jede dieser Fragen ziehen sich die Kollegen je fünf Karten, behalten dabei aber die Karten zur ersten Frage ebenfalls bei sich.
9. Erstellen des Werteprofils: Dies könnt Ihr tun, indem Ihr die Karten auf dem Boden übereinanderlegt oder indem die Kollegen bunte Bällchen in aufgestellte Plexiglaszylinder werfen, je nach Anzahl ihrer Karten (siehe

Bilder). Wichtig an dieser Stelle ist, dass Ihr die Mengenverhältnisse der gewählten Farben zu den drei Fragen visualisiert, sodass sie für jeden auf einen Blick erfassbar sind. Wählt die Form, die für Eure Gruppengröße am besten passt.

Werteprofil mit ValueParty-Karten auf dem Boden

Werteprofil mit farbigen Bällen in transparenten Säulen

Abb. 10: Erstellen des Werteprofils

10. Reflexion über das Werteprofil: Sobald das Werteprofil erstellt ist, werdet Ihr merken, dass die Gruppe eine Art Aha-Erlebnis hat. Was bisher ein diffuses Bauchgefühl war, wird nun für alle sichtbar und damit besprechbar. Lasst die Menschen sich darüber austauschen. Dies kann gerne auch in zwei Stufen passieren:
    a. Erste Resonanz: Was denken/fühlen wir, wenn wir das sehen, was fällt uns auf? An welches Verhalten / welche Kulturelemente / welche Aspekte der Organisation denken wir, wenn wir die Ausprägung dieser Balken betrachten? (Präsentation der Ergebnisse)
    b. Ableitung von Handlungsimpulsen: Welche Art von Veränderung braucht es? Was konkret bedeutet das nun für uns?
11. Abschluss und nächste Schritte: Als Abschluss einer solchen Veranstaltung sollte den Menschen Klarheit übermittelt werden, wie Ihr die wertebasierte Transformation weiter vorantreiben möchtet und was auf sie zukommt. Möglichkeiten dazu findet Ihr im weiteren Verlauf dieses Kapitels.

Zusätzliche Spielregeln und mögliche Abläufe werden mit dem Kartenspiel geliefert, daher gehen wir hier nicht näher darauf ein.

Die ValueParty-App

Mit der Coronapandemie und der damit verbundenen Notwendigkeit und Chance für digitale Formate haben wir zur ValueParty auch eine App entwickelt. Hiermit haben wir die Möglichkeit, für einzelne Personen, für einzelne Teams und für große Organisationen Werteprofile zu erstellen. Führungskräfte können ihr persönliches Profil mit dem ihres Teams vergleichen, Teamprofile können neben das Gesamtprofil der Organisation gelegt werden. Eine Fülle von Auswertungsmöglichkeiten bieten sich an.

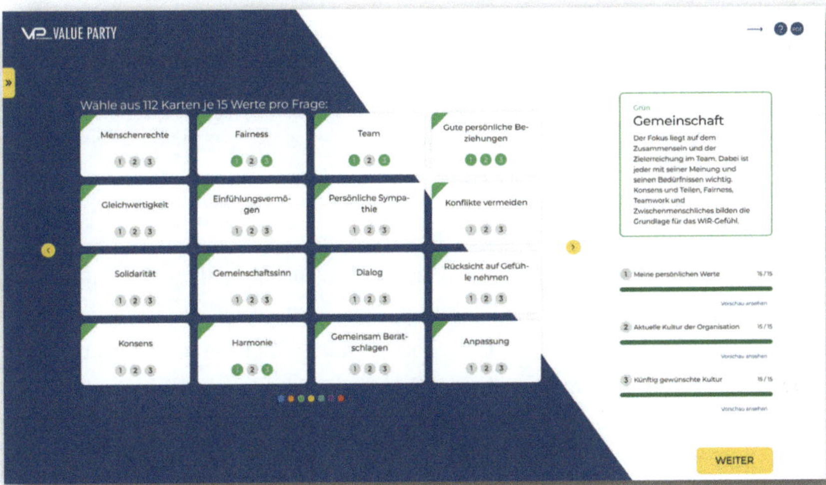

Abb. 11: Die ValueParty-App – Auswahl der Karten

In die App werden die Mitglieder Eures Teams oder Eurer Organisation einzeln mit einer E-Mail und einem Link eingeladen, um dort ihre individuellen Schwerpunkte und Kernwerte auszuwählen. Die Eingabe und die Auswertungen auf der individuellen Ebene („Mein persönliches Werteprofil") werden vor der eigentlichen ValueParty-Party abgeschlossen. Wir erstellen für Euch die Gruppenauswertungen und bereiten die Grundlagen für die nachfolgende Veranstaltung vor, in der Ihr mit einem möglichst großen Teil der

Mitarbeiterschaft das Profil auswertet: gemeinsame Auswertung, Fragen stellen und diskutieren, gemeinsames Verstehen und Perspektiven entwickeln.

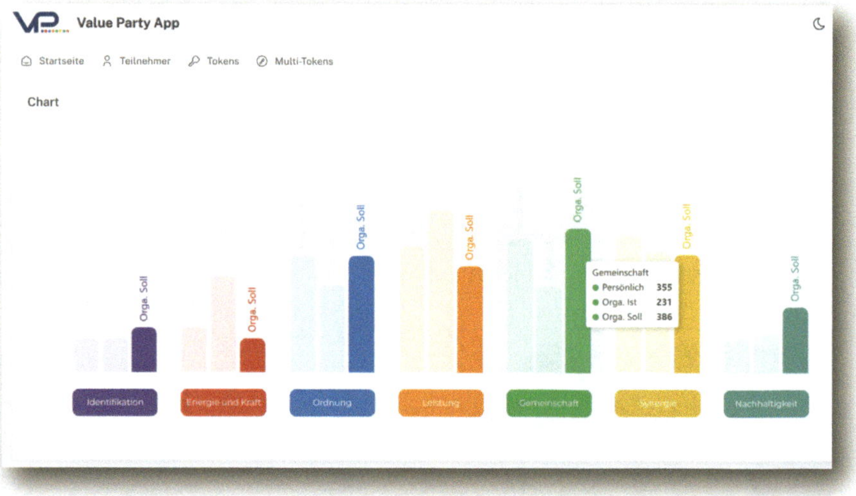

Abb. 12: Die ValueParty-App – Gruppenprofil mit Fokus auf die SOLL-Werte

Die Struktur kann entsprechend der Veranstaltung mit dem ValueParty-Kartenspiel verlaufen. Das Modell hinter dem Werteprofil könntet Ihr als Einladende zu dem Prozess entweder schon in einem Kick-off erläutern oder Ihr gebt es erst zusammen mit der Auswertung des Profils preis. Einzelne Teilnehmerinnen und Teilnehmer erhalten direkt bei der Eingabe ihr persönliches Werte-Statement. Mit der App ist – wenn gewünscht – absolute Vertraulichkeit der individuellen Resultate gewährleistet. Außer Dir selbst wird niemand Dein persönliches Ergebnis einsehen. Zu keiner Zeit erhält irgendjemand im betreffenden Unternehmen oder anderswo Auskunft über die individuellen Werteprofile der Teilnehmenden. Wer auch dem System und uns nicht vollständig vertraut, hat sogar die Möglichkeit, das Werteprofil völlig anonym zu erstellen.

Die Diskussionen über den Weg, wie das Werteprofil zu erheben sein sollte, waren im Kernteam intensiv verlaufen. Die Bedenken hatten sich letztlich zerstreut: Die Azubis hatten mit so viel Leidenschaft für die elektronische Variante geworben und auch beim Betriebsrat konnten die Bedenken hinsichtlich des Datenschutzes aufgelöst werden. Anonymität war sichergestellt und es gab große Offenheit, sich auf diesen Prozess einzulassen. Einen Prototyp hatte es in der Entwicklungsabteilung bereits gegeben, daher wussten sie, dass der Prozess gut funktioniert hatte.

Die Hilfe der Azubis für die älteren Kollegen, sie bei der Eingabe zu unterstützen, war gerne angenommen worden. Insbesondere der Rollentausch – die Jungen erklären den Alten etwas – wurde mit viel Humor und Freude aufgenommen. Beim nächsten „Bämmekatschn“ bzw. der nächsten „Brotzeit“ wurde das Vorhaben präsentiert. Wie zu erwarten kamen wenig Fragen oder Kommentare von den Kolleginnen, doch das Kernteam hielt am geplanten Ablauf fest. Maria erzählte später, dass im Nachgang in der Kaffeeküche dann doch heiß über die Bereichskultur diskutiert wurde und ob man Lust habe auf einen solchen Prozess. „Ich möchte doch erst mal sehen, ob sich was ändert“, hatte Tina bemerkt. Woraufhin Kevin meinte: „Wir können uns doch mal drauf einlassen und schauen, was passiert.“

Wie angekündigt waren die Einladungslinks über die App verteilt worden und noch mals als Erinnerung im E-Mail-Postfach direkt nach der monatlichen Unternehmenskommunikation eingegangen. Den noch verbliebenen Kollegen und Kolleginnen ohne eigenen Rechner wurde die Eingabe im IT-Schulungsraum ermöglicht. Da alle viel zu tun hatten, war eine Frist von drei Wochen zur Beantwortung angesetzt. Doch offensichtlich waren viele neugierig, denn schon in den ersten zwei Tagen waren die Hälfte der Antworten eingegangen. Am Ende der Frist fehlten noch 60 Antworten von den 300 Mitarbeitenden, weshalb eine Erinnerungsmail verschickt wurde. Bezüglich der Vertraulichkeit gab es unterschiedliche Vorgehensweisen. Etwa die Hälfte nutzte die Vollversion und davon wiederum zwei Drittel baten mit der Veröffentlichung der eigenen Firmen-E-Mail-Adresse auch um Zusendung der Ergebnisse. Die anderen blieben entweder vollständig anonym oder nutzten eine private E-Mail-Adresse, die nicht auf die Person zurückzuführen war. Die Kollegen, die die Kurzversion nutzten, blieben überwiegend anonym.

Wer die Kulturarbeit gestaltet

Bevor Ihr loslegt, solltet Ihr Euch – wie das Kernteam von Lenter – die Frage stellen, mit welcher Gruppe Ihr die Kulturarbeit gestalten wollt. Habt Ihr ein kleineres Team, könnt Ihr mit allen Kolleginnen und Kollegen weiterarbeiten. Wie weiter oben beschrieben sind Einheiten größer als 50 Personen zu schwer zu koordinieren, um alle permanent in den Prozess einzubinden. Auch würde dies zu viele Kapazitäten im Unternehmen fordern. Gleichwohl wollen wir alle Mitarbeitenden dabeihaben. Deshalb ist die Lösung hier das Botschafterkonzept.

Um möglichst viele Kolleginnen und Kollegen zu erreichen und aktiv dabeizuhaben, wird ein Botschafterkonzept installiert, in dem je eine Botschafterin mit circa 20 Kolleginnen im engen Austausch steht.

Dazu könnt Ihr einen Aufruf an alle Mitarbeitenden starten. Botschafter können sich bewerben oder Teams benennen für sich einen Botschafter. Manchmal liegt die Verantwortung auch bei den Führungskräften, die Botschafter benennen, doch dabei sei zu bedenken, dass wir gerade die brauchen, die nicht so konform mit der Führungskraft sind und auch ihren Mund aufmachen, um Unangenehmes zu benennen.

Wichtige Fragen der Kollegen in diesem Zusammenhang sind zum Beispiel: „Wie viel Zeit benötige ich für diese Arbeit?"; „Wird die Arbeit im Projekt auf die Arbeitszeit angerechnet?"; „Was mache ich, wenn meine Führungskraft mich dabei nicht unterstützt?" Die Antworten kann sich das Kernteam schon vorher zurechtlegen.

Die Botschafter dienen zum einen als Verbindung vom Projekt zu allen Kollegen, zum anderen aber auch als Entscheidungsgremium für die künftige Kultur und das Leitbild. Damit haben alle Mitarbeitenden die Chance, im Prozess mitzureden. Die Botschafter sammeln die Meinungen ein und repräsentieren sie in den Kulturkonferenzen. Der Moderator dieser Konferenz sollte dafür sorgen, dass in der Botschafterrunde alle auf Augenhöhe agieren und nicht ranghöhere Führungskräfte sich aufgrund ihrer Position durchsetzen. Natürlich kann schon dies ein Kulturwandel für Euer Unternehmen sein und einiges an „Loslassen" der oberen Führung bedeuten.

Schritt 3: Kulturanalyse

In Kapitel 4 haben wir beschrieben, wie ein Werteprofil allgemein gelesen wird. An dieser Stelle des Buches geht es darum, wie ihr das Werteprofil nutzt, um Eure bestehende und Eure gewünschte Kultur noch besser zu verstehen. Es gilt, das Werteprofil mit den konkreten Aspekten Eurer Team- oder Unternehmenskultur in Bezug zu setzen und daraus in Schritt 4 die Veränderungsziele abzuleiten. Der eigentliche Prozess der Kulturarbeit beginnt.

Ausprägungen von Kultur

Die Ausprägungen von Kultur sind vielfältig. Hier einige Beispiele:

- Wie und wann kommuniziert Ihr? Welche Kommunikationsformate nutzt Ihr? Gibt es bei Euch Daily Stand-ups, die jährliche Strategietagung oder reden alle nur bilateral mit dem Chef? Findet Kommunikation eher schriftlich oder eher mündlich statt, erarbeitet Ihr Themen im Team miteinander oder macht einer die Ansagen? Seid Ihr formell oder eher locker? Habt Ihr eine Duz-Kultur oder empfindet Ihr das „Sie“ als höflicher? Das sind nur einige Beispiele für diesen Punkt.
- Welche Geschichten werden erzählt? Die Geschichten des Unternehmens sind kulturprägend. Wird von dem großen Boss erzählt, wie er andere zusammengefaltet hat? Wird von der Mitarbeiterin erzählt, die einmal offen ihre Meinung gesagt hat und dann das Kündigungsschreiben auf dem Tisch hatte? Oder wird von dem Azubi erzählt, der die beste Idee für einen neuen Service hatte und diese dann selbstständig umsetzen durfte? Was für Geschichten sind es bei Euch, die die Haltung der Menschen zum Unternehmen prägen?
- Welche Regeln und Rituale haben wir? Jedes Team, jedes Unternehmen hat seine eigenen Rituale. Diese müssen gar nicht als solche benannt sein, sondern sie haben sich oft einfach eingespielt. In der Einkaufsabteilung eines Kunden von uns war es vor einigen Jahren noch üblich, dass jeder, der morgens kam, die Runde drehte und jeder anwesenden Kollegin die Hand gab. Irgendwann wurde ein junger Mann eingestellt, der vorher in einem Berliner Start-up gearbeitet hatte. Sehr schnell wurde klar: „Der passt nicht zu uns.“ Denn er lief morgens einfach durch die Firma, sagte „Hi!“ und setzte sich an seinen Laptop. Die Kollegen empfanden dies als „respektlos“. Doch Menschen haben unterschiedliche Verhaltensweisen im Kopf, wenn sie an „Respekt“ denken. Für den jungen Mann war Respekt auch wichtig. Für ihn bedeutete es, dass die Führung ihn einfach machen ließ, ohne sich groß einzumischen. Erst wenn man über solche Symptome eine Sprachfähigkeit entwickelt, kann man das gemeinsame Miteinander so besprechen, dass ein Zusammenarbeiten in Zukunft gut funktioniert.
- Welche Symbole haben wir? Wie sieht unser Büro aus? Mit „Symbole“ sind die sichtbaren Dinge gemeint, die auch etwas über eine Kultur aussagen können. Großraum- oder Einzelbüros? Offene oder geschlossene Türen? Der Genehmigungsprozess an der Wand, die Krawatte zum weißen Hemd,

die Firmen-T-Shirts mit coolen Aufdrucken, der große Schreibtisch für den Boss, der persönliche Geschäftsleitungsparkplatz, ein Bildschirm mit tagesaktuellen Vertriebsergebnissen über der Tür, der Kicker im Gemeinschaftsraum, der große runde Tisch in der Küche, das Kanban-Board im Konferenzraum … All diese sichtbaren Elemente der Gestaltung des Miteinanders können etwas über die Unternehmenskultur aussagen.

- Unser Umgang mit Macht und Verantwortung? Etwas subtiler ist dieser Punkt: Wie wird Verantwortung im Unternehmen gelebt? Wer hat Macht und worüber? Wie geht die Person damit um? Oft ist es nur ein Bauchgefühl, dass in einem Team ein Machtvakuum herrscht, Themen nicht weitergetrieben, Entscheidungen schlichtweg nicht getroffen werden. Auch die Frage, wie mit Informationen umgegangen wird, spielt beim Thema Macht eine Rolle. Wer keine Informationen hat, kann auch keine Entscheidungen treffen. Werden Entscheidungen begründet, wer trifft überhaupt die Entscheidungen? Wird eher „oben" entschieden oder eher „unten" in der Pyramide? Wie wird auf Macht und Kontrolle bestanden? Oder wird Verantwortung dezentral verteilt? Auch der Umgang mit Fehlern gehört an diese Stelle. Habt Ihr eine konstruktive Fehlerkultur, die den Mut zum Risiko und zur Verantwortungsübernahme belohnt? Oder halten sich Menschen lieber zurück, weil derjenige, der keine Verantwortung übernimmt, auch keine Fehler machen und deshalb auch nicht getadelt werden kann?
- Unsere Organisation, unsere Prozesse? Die Aufbau- und Ablauforganisation eines Unternehmens haben ebenfalls Einfluss auf die Kultur oder sind wiederum von der Kultur beeinflusst. Schon die Frage, ob klare hierarchische Zuordnungen oder eine Matrixorganisation gewählt wurden, macht auf kultureller Ebene einen Unterschied. Agile Teams, die in Scrum arbeiten, werden kulturell anders wahrgenommen als Abteilungen mit Abteilungs- und Teamleitern. Manchmal ist eine klassisch- hierarchische Kultur ein Hemmschuh bei der Einführung von agilen Methoden und sollte unbedingt angegangen werden, manchmal wirkt aber gerade diese Einführung von agilen Methoden auch kulturverändernd. Wo ist da die Henne und wo ist das Ei?
- Unser Belohnungssystem? „Was hat denn unser variables Gehalt mit Kultur zu tun?", fragte uns neulich ein Unternehmer. Eine ganze Menge. Die Ströme des Geldes leiten das Verhalten der Menschen im Unternehmen. Wird die Erreichung konkreter Ziele belohnt, die am Anfang des Jahres

festgelegt werden, egal wie die Welt am Ende des Jahres aussieht? Oder schaut man am Ende ausschließlich aufs Ergebnis und jeder konnte aktuell die Entscheidungen treffen, die gerade aufgrund der Situation dran waren? Wird Einzelleistung finanziell ausgezeichnet? Oder gibt es einen Bonus auf die Teamleistung? Je komplexer die Welt ist und je schneller sich die Rahmenbedingungen ändern, desto wichtiger ist es, Teamleistung vor Einzelleistung zu belohnen und den Bonus am Gesamtergebnis festzumachen, statt auf konkrete Maßnahmen zu beziehen. In einer VUCA-Welt wissen wir oft nicht, was in vier Wochen passiert, also sind Jahresziele schnell nicht mehr aktuell. Komplexe Themen sind selten allein lösbar; häufig braucht es ein Team mit unterschiedlichen Kompetenzen und Sichtweisen dafür.
- Unsere Werte und Glaubenssätze? Über Werte und Glaubenssätze haben wir wirklich schon eine Menge vorab geschrieben, daher hier nur ganz kurz: Was glauben die Menschen in Eurer Organisation, was richtig und was wichtig ist? Und vielleicht gibt es auch über das Werteprofil hinaus noch wichtige Glaubenssätze, die im Unternehmen die Handlungen der Beteiligten beeinflussen, dann gilt es, sich auch diese bewusst zu machen.

Kulturarbeit als Diskurs

Nachdem nun also die Ausprägungen von Kultur benannt sind, möchten wir beschreiben, wie sich das Team im dritten Schritt unserer wertebasierten Transformation mit Eurer Kultur auseinandersetzt:

Es braucht an dieser Stelle Raum für Diskurs. Es reicht nicht aus, das Werteprofil vorzustellen. Es wäre eine verschenkte Gelegenheit, hier nicht tatsächlich miteinander ins Gespräch zu kommen: Menschen brauchen den Austausch darüber, um die bunten Balken mit ihrer eigenen Realität in Verbindung zu bringen. Schafft Plattformen, auf denen sich die Kolleginnen und Kollegen über folgende Fragen austauschen können:

- Wie erlebt Ihr Kultur heute?
- Wie erlebt Ihr das, was Euch das Werteprofil widerspiegelt, in der Organisation? Wie erlebt Ihr die Peaks, wie die Us …?
- In welchen Ausprägungen von Kultur (siehe Liste oben) spiegeln sich die dominanten Wertesysteme der heute erlebten Kultur? Wie? Durch was?

Was braucht es stattdessen?

- Welche Ausprägungen von Kultur würden die gewünschten Wertesysteme widerspiegeln?

Die Formate für diesen Austausch hängen davon ab, wie groß Eure Gruppe ist. Im kleinen Team könnt Ihr gemeinsam einen Workshop veranstalten, das Werteprofil vorstellen und dann in kleinen Gruppen in den Austausch gehen. Jede Gruppe präsentiert die Antworten in der Runde. Die Kleingruppen erhöhen den Grad der Offenheit. Für die meisten Menschen ist es leichter, in einer Gruppe von drei bis vier Personen offen über die eigenen Wahrnehmungen der Kultur zu sprechen. Insbesondere Kritisches wird nicht so leicht direkt im Plenum angesprochen. Hat man sich zuvor jedoch in der Gruppe auf Positionen geeinigt, so fällt die Aussage im Gesamtteam leichter.

Ist die Gruppe über mehrere Standorte verteilt, funktioniert dies auch über Videokonferenz. Auch dann solltet Ihr mit Kleingruppen arbeiten. In Videokonferenzen heißt die Funktion „Breakout-Session" und die meisten etablierten Videokonferenz-Systeme wie MS Teams, WebEx und Zoom haben eine solche Funktion.

Für große Bereiche oder Unternehmen bietet sich an dieser Stelle der Austausch in der Gruppe der Botschafter an, wie dies im Beispiel von Lenter Maschinenwerke beschrieben wurde. Für manche Unternehmen ist aber auch in diesem Schritt die Einbindung aller Kolleginnen und Kollegen wichtig.

Lennard, Lina und ihr Kernteam wollten allen Kollegen die Möglichkeit geben, das Werteprofil zu kennen und zu verstehen, den Austausch planten sie jedoch im ersten Schritt mit den Botschaftern. Beim „Bämmekatschn" startete Lennard mit einer glühenden Rede. Er beschrieb erneut, weshalb Kultur für die Transformation des Unternehmens eine so wichtige Bedeutung hat. Er führte Beispiele aus dem Markt und der Technologie an, um zu erklären, wie sich die Welt verändert habe und wie ihnen eine gute Kultur helfen würde, damit umzugehen. Dann wurde das Werteprofil gezeigt und die Us und Peaks erläutert. Lennard fand auch Beispiele für die unterschiedlichen Meme aus dem Alltag und den Gesprächen mit den Mitarbeitenden. Dabei zeigte er sich schonungslos selbstkritisch: „Wir in der Geschäftsleitung sind uns bewusst geworden, dass wir euch manchmal sehr fordern, vielleicht auch ab und an ziemlich ungeduldig sind und unsere Lösungen ‚kraft unserer Wassersuppe' durchsetzen. Vielleicht finden wir das Ergebnis hier in diesem roten ‚Mittelfinger'. Tatsächlich haben wir eingesehen, dass das nicht gut für uns ist. Unsere Lösungen müssen nicht die besten sein. Meine Schwester und ich sind nicht in allen Vorgängen so tief drin, dass wir am besten wissen können, was wir brauchen. Daher haben wir uns vorgenommen, an uns zu arbeiten und in diesen Situationen häufiger eure Meinung einzuholen oder sogar viele Entscheidungen euch zu überlassen." Lennards Lächeln geriet etwas angespannt, als die Mannschaft in spontanen Applaus ausbrach. Er wusste, dass noch ein weiter Weg vor ihnen lag, und hoffte innerlich, dass es ihnen gelingen würde.

Zwei Wochen später kamen rund 30 BotschafterInnen zu einem „Kulturtag" zusammen, die Anzahl war weiter angewachsen. In einigen Bereichen musste das Kernteam aktiv auf Kollegen zugehen, in anderen Bereichen gab es so viele Bewerbungen, dass man einigen freundlich absagen musste. Auch Führungskräfte meldeten sich, womit auch diese Ebene in der Botschaftergruppe repräsentiert war.

Das Kernteam startete mit einer kurzen Zusammenfassung des Werteprofils. Die Botschafter hatten im Vorfeld die Aufgabe erhalten, mit ihren Kollegen ins Gespräch zu gehen und ihre Erfahrungen und Beispiele einzusammeln, die zu dem Werteprofil passten. Nun wurden in der Kulturkonferenz Kleingruppen gebildet. Das Botschafterteam tauschte sich über ihre Erlebnisse im Unternehmen und die Aussagen ihrer Teams aus. Die Klarheit der Aussagen und auch die anschließenden Diskussionen waren für viele erstaunlich und bewegend. Bei Snacks und ein paar Getränken liefen die Gespräche weiter. Neugier, Zweifel und manchmal auch Euphorie mischten sich: „Wie kommen wir gemeinsam in Bewegung? Womit beginnen wir? Und was ist mein Platz in einer Transformation?"

In der anschließenden Sequenz diskutierten die Botschafter konkrete Themen, die sie angehen wollten, und direkt vor Ort wurden „Patenschaften" für diese beschlossen. Jeder Botschafter nahm den Auftrag mit, das Werteprofil noch einmal gemeinsam mit den Führungskräften in allen Teams durchzusprechen. Jeder Kollege sollte das Angebot erhalten, sich an den nächsten Schritten zu beteiligen und in Arbeitsgruppen einzubringen. Die Teams vereinbarten interne Regelkommunikation und waren begeistert, dass das Kernteam einiges vorbereitet hatte:

- Einen Fahrplan zur Entwicklung eines Leitbilds.
- Ein Trainingsprogramm für Prozesssteuernde, die sich in Sachen Moderation und WebConferencing sowie für freies Sprechen vor größeren Gruppen fit machen wollen.
- Den Termin für ein Bergfest, das im Zusammenhang mit dem 100-jährigen Jubiläum des Unternehmens mit allen Mitarbeitenden gefeiert werden sollte.

So war der Kulturtag eine runde Sache und die Botschaftertruppe erzählte ihren Kollegen begeistert davon. Nun ging es darum, tatsächlich gemeinsam anzupacken.

Die Ergebnisse des Austauschs – wie auch immer Ihr ihn gestaltet habt – dienen zusammengefasst als Grundlage für den nächsten Schritt der wertebasierten Transformation, um sich nun auf ein konkretes Zielbild zu einigen.

Schritt 4: Das Zielbild entwickeln / Leitbild definieren / Werte-Kompass

Um die wertebasierte Transformation für alle nachvollziehbar zu machen, damit die Gemeinschaft eine Orientierung hat und es etwas gibt, worauf man sich im Miteinander im Alltag beziehen kann, braucht es ein Leitbild oder einen Nordstern. Damit wird die Zielrichtung der Veränderung definiert. Die Erkenntnisse der dritten Balken des Werteprofils – also die Balken, die beschreiben, welche Kultur die Organisation braucht, um die Herausforderungen jetzt und in Zukunft zu meistern – müssen auf den Punkt gebracht und für alle nachvollziehbar als Zielbild ausgearbeitet werden.

Wer erarbeitet das Leitbild?

Aber wie können wir das schaffen? Geht es doch hier um unter anderem textliche Feinarbeit. Kann man so etwas in einer großen Gruppe machen?

Wir denken, es ist besser, diesen Schritt im kleinen Kreis anzugehen. Es werden Sätze ausformuliert, um einzelne Worte wird gefeilscht und um die Botschaft gerungen. Je weniger Menschen dies zusammen angehen, desto besser werdet Ihr Euch einigen können. Wir empfehlen ein Team von maximal sieben, besser fünf Personen, so kann alles ohne weitere Unterteilungen in Kleingruppen miteinander ausdiskutiert werden.

Doch existiert zu Recht gleichzeitig der Anspruch, dass das Leitbild von der Mannschaft mitgetragen werden soll. Diese fünf bis sieben Menschen, die das Leitbild erarbeiten, brauchen zum einen also das Mandat der Mannschaft und zum anderen sollte ihr Bewusstsein von den Meinungen, Bedürfnissen, Botschaften und Ansichten der Menschen angefüllt sein, sodass sie diese Aufgabe als Vertreter aller wahrnehmen können.

Darüber hinaus werden Zwischenstände mit der Mannschaft geteilt und Feedback eingeholt, bevor das fertige Leitbild verabschiedet werden kann. Immer wieder ist es ein demokratischer Prozess, in dem die, die aktiv sind, als Mandatsträger im Auftrag von allen handeln und regelmäßig der ganzen Mannschaft Gelegenheit bieten, sich einzubringen.

Wir nennen das Team, welches das Leitbild ausformuliert, die „Delegierten". In großen Organisationen werden die Delegierten aus der Runde der Botschafter gewählt, in kleinen Organisationen direkt aus der Mannschaft. Es sollte nicht unbedingt das Kernteam in Personalunion genommen werden, weil damit möglicherweise der Beigeschmack entsteht, dass das Kernteam das Ergebnis beeinflusst. Das Kernteam sollte sich neutral präsentieren und den Prozess moderierend steuern, nicht aber inhaltlich in eine dominierende Rolle verfallen.

Was ist die Herausforderung bei der Formulierung eines Leitbilds?

Menschen im Delegiertenteam nehmen diese Aufgabe üblicherweise sehr ernst. Wir haben die Erfahrung gemacht, dass viele eine Art Ehrfurcht vor der Bedeutung und Verantwortung bezüglich dieser Aufgabenstellung haben. Immerhin soll das Ergebnis dem ganzen Unternehmen oder der Einheit als Orientierung dienen und wird damit die Zukunft massiv beeinflussen. Wenn Ihr merkt, dass das Team Mühe hat, Ergebnisse auf den Punkt zu bringen, wenn es sich zu verzetteln scheint, wenn viel über kleinste Details gesprochen wird, dann ist dies oft ein Symptom für die Sorge, der Verantwortung nicht gerecht zu werden. Lasst den Delegierten an dieser Stelle die Zeit, um ihre Aufgabe gut zu machen. Brecht es nicht übers Knie. Aber lasst auch nicht zu, dass der Prozess zu lange hängt und damit die Gefahr besteht, dass er im Sande verläuft. Dranbleiben ist wichtig, denn die ganze Organisation wartet auf das Ergebnis.

Menschen, die für ein Unternehmen ein Leitbild erarbeiten, sollten sich bewusst machen, was Leitbilder leisten können – und was nicht. Ein Leitbild kann eine klare Vorstellung davon liefern, wie das Unternehmen nach innen und außen wahrgenommen werden möchte. Dabei wirkt es zunächst nach innen im eigenen Unternehmen und erst im zweiten Schritt nach außen. Um die Beziehungen zu Kunden und Geschäftspartnern auszurichten, stellt ein gutes Leitbild die Basis dar. Nicht mehr und nicht weniger. Es wirkt orientierend und gibt Richtungen vor, zeigt aber noch keine konkreten Wege auf.

Die Beteiligten bei der Ausformulierung sollten selbst freundlich mit sich umgehen. Auf Basis eines verstandenen und durch Gespräche durchdrungenen Werteprofils gibt es eine solide Grundlage. Dennoch: Ein ausgearbeitetes Leitbild ist ein Wurf, ein Anstoß, der Orientierung geben kann für die eigentliche Leistung: Werte, eine gemeinsame Vorstellung vom Sinn und Zweck einer Organisation, werden als Beginn eines Findungsprozesses zur Diskussion gestellt. Wir wissen, dass Unternehmenswirklichkeit oft sehr anders mit der klassischen Triade „Mission, Vision, Values" umgeht. Wir möchten ermutigen, den Prozess vom Kopf auf die Füße zu stellen.

Wie sieht das Leitbild aus?

Wenn man auf Websites nach Werten oder Leitbildern googelt, findet man viele Formen. Häufig wurden für Unternehmen einzelne Wertbegriffe formuliert und zu jedem Wert wird dann in wenigen Sätzen beschrieben, was dieser für das Unternehmen bedeutet. Manche Unternehmen formulieren auch nur Leitsätze und beschreiben einzelne Qualitäten.

Bildnachweise:
- BAYER, am 12.11.2023 von https://www.bayer.com/de/commitments/unsere-werte;
- Institut für Allgemeinmedizin und Palliativmedizin der Medizinischen Hochschule Hannover, am 27.02.2024 https://www.mhh.de/allpallmed/ueber-uns

Abb. 13: Beispiele für Leitbilder

Was dabei deutlich wird: Es werden keine einzelnen Verhaltensweisen benannt; diese Detailtiefe kann ein Leitbild nicht leisten und sollte es auch nicht. Wenn beispielsweise zum Wert Nachhaltigkeit der Leitsatz formuliert wurde „Wir gehen achtsam mit Ressourcen um“, kann das Verhalten zu diesem Leitsatz für die Produktion ganz anders aussehen als für die Personalabteilung. Vielleicht geht es in der Produktion darum, wiederverwendbare Verpackungen zu nutzen und sorgsam mit dem Materialverbrauch umzugehen, in der Personalabteilung hingegen wird vielleicht darauf fokussiert, dass Menschen mit ihren Kräften haushalten und Gesundheit im Unternehmen gefördert und geachtet wird.

Wenn wir auf den Zusammenhang von Wert, Leitlinien und Verhalten blicken, so sind die Werte die Label auf der Box, die von den Leitlinien erläutert werden. Das Verhalten ist vielfältig und unterschiedlich und muss den Menschen und Einheiten überlassen bleiben. Die Leitlinien sind wie die Leitplanken und Verkehrsschilder auf der Autobahn: Sie geben uns Orientierung und dienen als allgemeine Regeln, auf die wir uns als Gesellschaft geeinigt haben. Ob wir jedoch auf der linken Spur überholen oder rechts bleiben, ob wir die Spur wechseln, aufs Gas treten oder bremsen, das alles kann nur jeder für sich entscheiden. Diesen Detailgrad sollte ein Leitbild nicht leisten wollen, sonst würde es uns einschränken und unflexibel machen.

Unser Wertekompass zeigt dies sehr anschaulich.

Abb. 14: Der Wertekompass

Wie kommen wir zu dem Leitbild?

Zunächst sollte sich das Delegiertenteam darauf einigen, was sinngemäß in dem Leitbild enthalten sein soll. Als Startpunkt dient das Werteprofil mit den künftig gewünschten Werten sowie den Werten mit den höchsten Bewegungsimpulsen. Auch die Erkenntnisse aus dem Diskurs in Schritt 3 und möglicherweise weitere Hinweise von Kollegen aus der Organisation führen dazu, dass jeder Delegierte mit einer Vorstellung in den Prozess kommt, was die Organisation braucht, wohin sie möchte, was es zu bewahren gilt und wovon man sich trennen sollte. Diese Erkenntnisse werden ausgetauscht, aufgeschrieben und in Cluster sortiert. In den Clustern stehen Werte, Leitlinien und Verhalten im ersten Schritt noch ungeordnet und das ist auch gut so. Erst im weiteren Verlauf der Diskussion wird das Beschriebene in die oben genannten Kreise aus Wert, Leitlinie und Verhalten sortiert, sodass am Ende ein rundes Ergebnis herauskommt, womit sich das gesamte Delegiertenteam identifizieren kann.

Wir raten Euch, das Leitbild mit Kollegen zu „testen", bevor Ihr es zu 100 Prozent ausformuliert. Gerade wenn deutlich wird, dass es noch nicht vollkommen ist, entsteht bei den Menschen in der Organisation der gewünschte Eindruck, sich tatsächlich beteiligen zu können. Ob Ihr hier nur Botschafter einbezieht oder alle Kollegen der Organisation, ist natürlich Euch überlassen. Wir haben gute Erfahrungen damit gemacht, dem Delegiertenteam die Aufgabe zu überlassen, das Leitbild zuerst den Botschaftern vorzustellen. Im nächsten Schritt besprechen diese dann mit ihren Kollegen den Entwurf und ergänzen Feinheiten oder melden gegebenenfalls Störungen zurück. Häufig ist die daran anschließende Rückmeldung der Botschafter an die Delegierten sehr gehaltvoll und ergänzt die Diskussion zum Leitbild mit wertvollen Hinweisen.

Das ist viel Aufwand, sagt Ihr? Denkt daran, auch hier ist der Weg das Ziel! Nicht das fertige Leitbild ist der hauptsächlich gewünschte Effekt, sondern die Diskussion über die in der Organisation gewünschte Kultur. Wir haben mit dem Dialog über das ganze Unternehmen schon den ersten Schritt in die Transformation geschafft. Je größer das Unternehmen ist, desto deutlicher wird, dass dieser Prozess nicht nur in Präsenz gestaltet werden kann. Wir haben ausgezeichnete Erfahrungen damit gesammelt, die Leitbildentwicklung mithilfe von Videokonferenzen und interaktiven Whiteboard-Tools zu gestalten. Dies ist übersichtlich und in kurzer Zeit können große Runden von Menschen eingebunden werden. Durch Breakout-Sessions erreichen wir dennoch, dass wertvolle Gespräche auch in großen Gruppen entstehen und so alle Teilnehmenden eine aktive Rolle im Dialog spielen.

Bei der Fertigstellung des Leitbilds wird es Kompromisse geben. Ihr werdet naturgemäß nicht jeden Änderungsvorschlag einbinden können oder wollen. Dies ist in Ordnung, deshalb sind die Delegierten Delegierte und haben das Mandat des Teams. Am Ende gilt es, an das Team zu appellieren, mit dem Ergebnis mitzugehen, das nach bestem Wissen und Gewissen gestaltet wurde. Üblicherweise gelingt dies gut. Wenn es Widerstand in der Mannschaft gibt, ist dieser oft eher ein Symptom für etwas anderes. Nehmt ihn ernst und versucht, der Ursache auf den Grund zu gehen, statt Euch in der Formulierung der Sätze zu verzetteln.

Schritt 5: Dialogformate für teamweite / unternehmensweite Resonanz

Kulturarbeit in einem Unternehmen ist ein kontinuierlicher Prozess, der Zeit, Geduld und Engagement erfordert. Wenn das Leitbild formuliert wurde und die Kultur in Richtung dieses Leitbilds entwickelt werden soll, sind das Gespräch, der Austausch zentrale Instrumente, um Kultur zu gestalten. Wir möchten Euch hier einige Kommunikationsformate und Begegnungsformen vorstellen, mit denen wir gute Ergebnisse erzielt haben.

Ein Bewusstsein für das Leitbild und die gewünschte Kultur schaffen

Zunächst ist wichtig, das neue Leitbild und dessen Bedeutung für das Unternehmen klar und deutlich zu kommunizieren, damit es alle Mitarbeitenden kennen und verstehen.

Im ersten Schritt solltet Ihr überlegen, wie Ihr das fertige Leitbild in die Mannschaft kommuniziert. Es einfach an eine Wand zu hängen oder im Intranet zu veröffentlichen, wäre die drittbeste Idee. Der Prozess der Entstehung hat jeden einzelnen Satz mit Gedanken, Emotionen, Bildern und Geschichten aufgeladen. Diese Hintergrundinformationen sollten geteilt werden, sie sind wertvoll und werden in Erinnerung bleiben.

Bei der Lenter Maschinenwerke GmbH & Co. KG hatten die 30 Botschafter miteinander diskutiert, was in das Leitbild gelangen sollte, und dabei alle Mitarbeitenden immer wieder eingebunden. Ein Delegiertenteam aus fünf

Kollegen hatte dann einen ersten Entwurf für das Leitbild formuliert, sich dazu Feedback im Unternehmen eingeholt und es letztendlich finalisiert. Nicks Marketingteam hatte die Aufgabe übernommen, dieses in eine CI-gerechte und ansprechend aufbereitete Form zu bringen. Insgesamt hatte dieser Prozess sechs Wochen gedauert und zu einer hohen Aufmerksamkeit für das Thema Kultur geführt. Natürlich wollten nun alle wissen, wie das neue Leitbild geworden war. Nach Fertigstellung des Leitbilds präsentierten die Botschafter dieses mit einer bunten, lebendigen Präsentation in zwei Videokonferenzen, in die sich tatsächlich einmal 180 und einmal 80 Personen einwählten. Zu jedem Leitsatz kamen andere Personen zu Wort und erzählten eine kleine Geschichte: was sie mit dem Leitsatz verbinden, welche Rolle er für sie spielt, in welchen Verhaltensweisen er sich niederschlägt. Aber auch, welche Gedanken sich das Team gemacht hatte, wie die Ergebnisse des Werteprofils sich in diesem Leitsatz wiederfinden und welche Rückmeldungen der Kollegen hier aufgenommen wurden. In anschließenden Breakout-Sessions mit 30 Kleingruppen wurde das Gehörte in gemischten Gruppen quer durch das ganze Unternehmen diskutiert. Die Gruppen schrieben anschließend ihre Kommentare in den Chat. Wer es wagte, vor so vielen Menschen zu sprechen, konnte auch noch kurz etwas sagen. Die Präsentation löste eine begeisterte Resonanz im Team aus, die meisten Kollegen fühlten sich sehr gut verstanden und angesprochen durch das formulierte Leitbild und spendeten den Botschaftern Applaus. Auch die Ruhigeren kamen zu Wort. „Wichtig ist, darüber nicht nur zu reden, sondern Taten folgen zu lassen", war der Kommentar von einigen. Es wurde angekündigt, dass und wie der Kulturprozess weitergehen würde.

Neben dieser initialen Vorstellung des Leitbilds gilt es, eine Form zu finden, wie das Leitbild im Unternehmen sichtbar bleibt und auch für neue Mitarbeiter zum Leben erweckt wird. Viele Unternehmen veröffentlichen ihr Leitbild auf ihrer Website, um damit bei Kunden zu werben oder neue Bewerber anzusprechen. Doch es gibt weitere, vielfältige Formen, um das Leitbild dauerhaft präsent zu halten.

Bei Lenter in Bamberg führt ein Gang von ca. 50 Metern vom Foyer zur Kantine. Alle im Bürogebäude arbeitenden Mitarbeiter gehen durch diesen Gang, wenn sie essen wollen oder das Café besuchen möchten. In diesem

Gang wurden die Werte und Leitsätze auf ansprechende Art und Weise direkt auf die Wände gebracht. So ist das Leitbild immer präsent und jede neue Mitarbeiterin wird sich der Werte und Leitsätze schnell bewusst. In der Montage nutzen die Kollegen den Bildschirm, auf dem sie den Produktionsfortschritt und die täglichen Auslieferungen dauerhaft präsentieren: Vor Arbeitsbeginn, vor jeder Pause und zum Feierabend war das Leitbild für alle deutlich zu sehen. Die Marketingabteilung von Lenter erzeugte während einer Teamentwicklung Comic-Sequenzen, die als nutzbare GIFs oder JPEGs für das Intranet, Mails oder diesen Bildschirm von allen genutzt oder gesehen werden konnten.

Cocktailworkshops für säulenübergreifende Vernetzung

Ist ein Leitbild fertig, so heißt das natürlich noch nicht, dass es auch wirklich gelebt wird. Wir brauchen den Dialog über Kultur im Unternehmen. Das Sprechen über Kultur, das Sich-bewusst-Werden und Austauschen, ist eines der wichtigsten Elemente für Veränderung.

Für diesen Austausch bieten sich zum Beispiel sogenannte Cocktailworkshops an. Dabei handelt es sich um Workshops, die mit Kollegen quer über alle Abteilungen, Bereiche, Tätigkeiten und Hierarchieebenen besetzt werden. Optimalerweise ist jeder Mitarbeitende in mindestens einen Cocktailworkshop eingebunden. Ziel dieser Veranstaltungen ist es, das Leitbild präsenter zu machen und einen Dialog zu folgenden Fragen anzuregen: „Wo sind wir bereits gut unterwegs? Was brauchen wir mehr, weniger, anders? Wie können wir als Individuen dazu beitragen, dass wir das Leitbild zum Leben bringen?“ Der Workshop bietet den Mitarbeitenden die Möglichkeit zur aktiven Beteiligung an der Ausgestaltung der Kultur. Innerhalb dieses Formats können Ideen auf individueller Ebene gesammelt werden, aber es können auch Ideen entwickelt werden, die auf der Unternehmensebene ansetzen. Die Workshops können beispielsweise von den Botschafterinnen und Botschaftern moderiert werden.

Das Kernteam legte großen Wert darauf, dass an diesem Punkt des Prozesses die Möglichkeit geboten wurde, sich in einem bunt übers Unternehmen gemischten Querschnitt von Menschen über die Kultur auszutauschen. Es wurden etwa 30 Cocktailworkshops von jeweils drei Stunden Dauer veranstaltet. Um die Kosten für externe Berater übersichtlich zu halten, wurden diese von den Botschaftern gestaltet, die Interesse und Mut hatten, sich in der Moderatorenrolle auszuprobieren. Dafür wurde ein Moderationsleitfaden konzipiert und 20 Moderatorinnen aus dem Kreis der Botschafter befähigt, eigenständig Cocktailworkshops durchzuführen. Da die Workshops mit Teilnehmenden aus Bamberg und Görlitz bestückt sein sollten und außerdem der Außendienst ohne größeren zusätzlichen Reiseaufwand eingebunden werden sollte, fanden sie virtuell statt. Die Botschafter erhielten dafür ein vorbereitetes virtuelles Board (hier: MURAL), auf dem die Teilnehmenden während des Workshops ihre Beiträge auf „Sticky Notes" notieren konnten. Die Kollegen sprachen im Anschluss des Prozesses von einer „Teamentwicklung für das ganze Unternehmen". Sie schwärmten von der Atmosphäre, der Vernetzung mit Kollegen aus anderen Abteilungen und dem entstandenen Wirgefühl. Nicht wenige Botschafter schilderten das Erlebnis als aufregende und wertvolle Erfahrung, durch die sie sich in ihrer Persönlichkeit weiterentwickeln konnten.

Auch bei den Cocktailworkshops ist der Weg das Ziel. Der Dialog über Kultur, die Sensibilisierung für Kulturgestaltung und die Vernetzung innerhalb des gesamten Unternehmens sind die wesentlichen Effekte. Darüber hinaus können die Ergebnisse des Workshops weiter genutzt werden. Insbesondere die Ideen und Bedürfnisse, bei denen es um Veränderungen auf Unternehmensebene geht, sollten gesammelt und ausgewertet werden. Die Botschafter nehmen diese Themen mit in einen Botschafterworkshop, wo sich das Kernteam der Weiterverfolgung annimmt.

Retrospektiven für konkrete Veränderungen im Team

Am ehesten durch die Mitarbeitenden selbst aktiv gestalten lässt sich Kultur auf der Teamebene. Die Kulturarbeit kann als Anlass genommen werden, eine Retrospektive im Team durchzuführen mit den Fragen:

- Was gelingt uns im Team gut bezüglich der gewünschten Kultur?
- Wo haben wir Schwierigkeiten?
- Welche Ideen haben wir, um unser Leitbild noch besser zu leben?

Die Retrospektive ist ein Format aus dem agilen Projektmanagement, das dazu dient, im Team gemeinsam auf die Zusammenarbeit zu schauen und diese gegebenenfalls zu verbessern. Das Ziel ist es, miteinander auf höchst konstruktive Art und Weise zu lernen und sich als Team weiterzuentwickeln. Dieses Format sollte aus unserer Sicht nicht auf agile Teams begrenzt sein. Wenn ein Team miteinander arbeitet und gemeinsam Ergebnisse erzielt, ist es sinnvoll, ab und zu den Fuß auf den Ball zu stellen und zu hinterfragen, wie es miteinander läuft und was zu verbessern ist. Viele unserer Klienten tun dies in jährlichen Teamentwicklungen. Viel besser ist es allerdings, im Abstand von ein paar Wochen bis drei Monaten regelmäßig Retrospektiven in den Teamalltag zu integrieren. Nicht nur, dass sich dadurch eine konstruktive Feedbackkultur entwickelt, das Team erlebt beständige Verbesserung als Teil des gelebten Alltags.

Die Frage, wie das Leitbild im Team gelebt wird, mit einer Retrospektive zu verbinden, öffnet den Raum für Verbesserungen im Team abseits der alltäglich-operativen Themen. Das Leitbild wird so zu einer beständigen und konkret ausformulierten Messlatte, die Wirkung haben kann bis zu konkreten Verhaltensweisen im Alltag.

Vereinbart am besten klare Maßnahmen, die neben der genauen Aufgabenbeschreibung auch benennen, wer dafür den Hut aufhat und bis wann diese Maßnahme zu bewältigen ist. Auch Maßnahmen, die alle betreffen, brauchen einen Verantwortlichen. Wenn Ihr Euch zum Beispiel vornehmt, dass Ihr einander besser zuhört, könnt Ihr ein Teammitglied dafür verantwortlich machen, das darauf achtet, dass dies auch passiert und das Team anderenfalls daran erinnert.

Bei den Maßnahmen ist es entscheidend, sich auf Themen zu konzentrieren, die im Team auch wirklich verändert werden können.

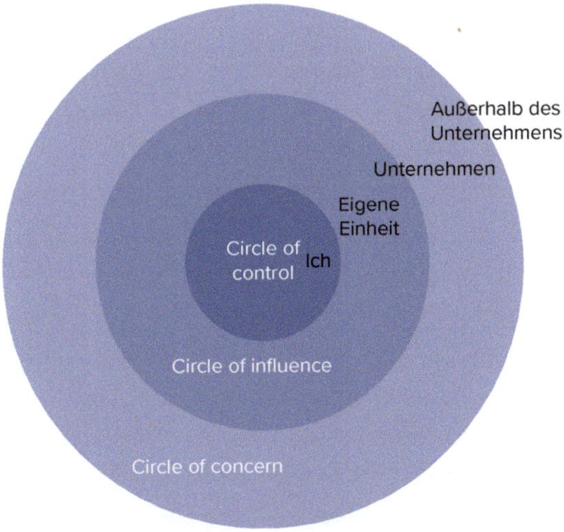

Abb. 15: Circle of influence nach Covey

Um dies zu entscheiden, schauen wir auf den „Circle of influence“: Sind wir in der Diskussion bei Themen, die jeder Einzelne bzw. wir als Team komplett in der Hand haben? Die Gestaltung unserer Team-Jour-fixes könnte so ein Thema sein. Meist können wir als Team allein entscheiden, wie häufig wir diese durchführen und wie wir sie inhaltlich gestalten. Bei manchen Themen sitzen wir jedoch nicht allein auf dem Fahrersitz. Die Zusammenarbeit mit der Nachbarabteilung können wir nicht gestalten, ohne diese einzubinden. Eine Maßnahme, die hier beschlossen wird, kann nur das eigene Verhalten umfassen, also zum Beispiel die Nachbarabteilung einzuladen, über eine Verbesserung der Zusammenarbeit zu sprechen. Ein Gefühl von Hilf- und Machtlosigkeit bis hin zur Depression entsteht, wenn wir es zulassen, dass im Team zu lange über Themen diskutiert wird, die wir nicht ändern können. Die Zinssteigerungen, die Lieferzeiten von Chips auf dem Weltmarkt, Corona … Das Jammern nutzt nichts, denn Ihr seid passive Zuschauer dieser Gegebenheiten. Frust stellt sich ein. Es sei denn, Ihr stellt Euch die Frage, wie Ihr mit diesen Gegebenheiten im Team umgehen wollt. Und schon seid Ihr wieder im „Circle of influence“ gelandet.

Wenn es übergeordnete Themen im Unternehmen gibt, die das Team nicht allein verändern kann, die es aber dabei behindern, die gewünschte Kultur zu leben, sollte es eine Rückmeldung an das Kernteam geben. Falls die Retrospektiven nicht von den Botschaftern moderiert werden, sollte das Kernteam direkt um Rückmeldung aus den Teams bitten und sich der Weiterverfolgung der Themen annehmen.

Auch bei den Lenter Maschinenwerken waren Retrospektiven für alle Teams der nächste Schritt. Maria und Martha sorgten für Moderationsleitfäden für die engagierten Botschafter, die dann mit Abteilungen und Teams diese Workshops durchführten. Neben einem gelungenen Austausch und vielen teaminternen Vorhaben, wie regelmäßigere Jour fixes oder eine dezentralere Verteilung von Verantwortung, gab es auch Themen, die Teams allein nicht lösen konnten:

Mehrere Teams stellten zum Beispiel in ihrer Retrospektive fest, dass die unternehmensweiten Budgetvorgaben, deren Erreichung auf den individuellen Bonus der Mitarbeitenden einzahlte, die Kooperation zwischen den Standorten erschwerten. Wenn die Görlitzer die Bamberger Teams der Softwareingenieure mit ihren Hightechlösungen in das Projekt einbanden, wurde das Projektbudget belastet. Daher wurde dies vermieden und versucht, Aufgaben selbst und allein zu lösen. Die Aufgaben waren aber in den letzten Jahren immer komplexer geworden und kaum noch ohne Zusammenarbeit mit den Expertenteams aus Bamberg in guter Qualität leistbar. Die Kundenzufriedenheit hatte gelitten. Einige Projekte waren an den Wettbewerb gegangen, weil schon in der Bearbeitung der Ausschreibung auf die Zusammenarbeit mit den Experten verzichtet worden war. Daher war „Wir arbeiten teamübergreifend an den besten Lösungen“ als Leitsatz im neuen Leitbild formuliert worden. In der Umsetzung stießen die Teams jedoch an Grenzen. Die Budgetierung passte nicht zu den Notwendigkeiten. Dieser Punkt erreichte das Kernteam von mehreren Seiten und es wurde zusammen mit Lina und Lennard ein Projekt aufgesetzt, bei dem es darum gehen sollte, auch die Regularien im Unternehmen an die Notwendigkeit zur Kollaboration anzupassen. Die Kommunikationsplattform bekam ein weiteres Modul: Vernetzte Projektkommunikation schien nun der Kern dieses Werkzeugs zu werden.

Dialog ist ein wichtiges Instrument, um die wertebasierte Transformation zu gestalten, jedoch nicht das einzige. Die folgenden Schritte 6 bis 10 sind nicht mehr sequenziell zu betrachten, sondern sie finden parallel und in einem iterativen Prozess statt.

Schritt 6: Übergeordnete Handlungsfelder sortieren und Maßnahmen planen

Das Kernteam hat die Aufgabe, gezielt übergeordnete Maßnahmen und Veränderungsprojekte zu planen und anzustoßen. Ein Bewusstsein für die Stoßrichtung kommt zum einen aus den Handlungsfeldern, die Euch aus den Dialogen erreicht haben (Cocktailworkshops und Retrospektiven), zum anderen aber auch aus den Dynamiken, die Ihr aus dem Werteprofil ablesen könnt.

Iteratives Vorgehen

Iterationen, als eine Vorgehensweise aus dem agilen Methodenbaukasten, bieten uns die Möglichkeit, flexibel und dennoch fokussiert vorzugehen:

Iteratives Vorgehen ist ein schrittweiser und wiederholter Ansatz zur Lösung von Problemen oder zur Entwicklung von Produkten. Im Gegensatz zur herkömmlichen linearen Methode, wie dem Wasserfallmodell, erfolgen die Schritte nicht nacheinander, sondern in wiederholten Zyklen.

Wichtig dabei: Wir denken nicht an einen Zweijahresplan, der dann schlicht abgearbeitet wird. Dieses lineare Vorgehen stammt aus der alten Welt und wir halten es für nicht mehr zeitgemäß. Gerade bei einer Transformation halten wir ein iteratives Vorgehen für entscheidend, da sich die Umstände heute sehr schnell ändern. Planen auf Sicht ist das Vorgehen der Wahl. Was wollt Ihr in den nächsten Wochen und Monaten angehen? Regelmäßig sollte sich das Kernteam – gegebenenfalls mit dem Sponsor – zusammensetzen, Ergebnisse bewerten und die Maßnahmen und Projekte für die nächsten Wochen und Monate ableiten. Überprüft immer wieder, ob Ihr noch gut unterwegs und offen für Anpassungen seid!

Ableiten der Handlungsfelder aus dem Werteprofil

Wahrscheinlich haben Euch nach den Dialogen im Unternehmen eine Vielzahl von Handlungsfeldern erreicht. Ihr wollt allerdings nicht völlig beliebig in Aktionismus verfallen. Setzt Euch im Kernteam zusammen und diskutiert, welches Vorgehen sich aus den Säulen, den Einzelwerten und den Bewegungsimpulsen ableiten lässt.

Zunächst sind die Übergänge von Wertesystem zu Wertesystem wichtig. Wo steht die Organisation / das Team jetzt? Welcher Übergang steht an, also von welchem Wertesystem in welches sollte sich die Organisation entwickeln?

Den Übergang findet Ihr, wenn Ihr die Balken der Unternehmens-IST-Werte mit den SOLL-Werten vergleicht, also jeweils die zweiten und dritten Balken innerhalb der einzelnen Wertesysteme.

Üblicherweise findet Ihr im Werteprofil auf der linken Seite (also bei den „älteren" Wertesystemen – Purpur bis zumindest Blau) eher „Peaks", nach rechts hin sind meist „Us" erkennbar. Da sich Systeme häufig durch Umfeldanforderungen in Richtung der „jüngeren" Wertesysteme entwickeln (höhere und differenziertere Komplexität), ist dies nicht verwunderlich: Erst, wenn eine Organisation eine Stufe durchlaufen oder überwunden hat, öffnet sich das Tor zur nächsten Stufe:

- Woher ich komme, belastet mich üblicherweise etwas. Ich möchte es überwinden. Das ist die Definition eines „Peak".
- Wenn ich etwas Neues erst noch erreichen will, habe ich eben noch einen Mangel, und dies können wir anhand einer U-Formation ablesen.

In unserer Grafik (Abb. 16) steht also ein Übergang von Orange nach Grün an, denn Grün ist das erste U. Wenn Ihr also Maßnahmen oder Projekte plant, dann könnten die Maßnahmen, die einen Übergang von Orange nach Grün unterstützen, nach oben priorisiert werden.

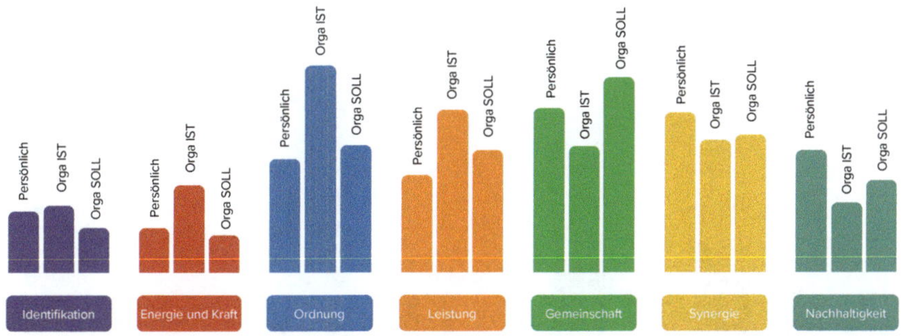

Abb. 16: Übergänge erkennen, Handlungsfelder ableiten

Unterschiedliche Personen oder Teams können an unterschiedlichen Übergängen stehen

Zu berücksichtigen ist bei der Ableitung, dass das Werteprofil hier scheinbar einen eindeutigen Übergang suggeriert. Einzelne Personen oder Teams können jedoch an ganz unterschiedlichen Punkten stehen. In manchen Fällen macht es deshalb Sinn, unter dem Gesamtprofil noch einzelne Teamprofile zu betrachten:

Mit den Teamprofilen oder ergänzender Perspektive können wir erkennen, welches Team wo an einem Übergang steht und möglicherweise momentan einen anderen Fokus für die eigene Entwicklung hat als die Gesamtorganisation.

Grundsätzlich gilt, dass durchaus bezüglich aller Wertesysteme Maßnahmen vereinbart werden können. Der Übergang von Wertesystem zu Wertesystem sollte jedoch für den Gesamtübergang im Zentrum stehen.

Meme dürfen nicht übersprungen werden

Ein zweiter Aspekt ist bei der Auswertung interessant: übersprungene Meme. Wir finden ein solches Beispiel in der Grafik (Abb. 17) unten. Orange hat noch einen Peak („zu viel des Guten"), während Grün ein erstes U andeutet. Blenden wir nur die zweiten oder nur die dritten Balken ein, sehen wir deutlich: Die

Organisation hat als dominantes Wertesystem Orange, das am stärksten für notwendig befundene Wertesystem ist jedoch blau. Dies scheint zunächst verwunderlich. Ein Rückschritt? Hier wurde scheinbar ein System übersprungen und in der Entwicklung des Unternehmens nicht ausreichend bearbeitet. Hier gilt „Basics first!“ Bevor der Übergang zu Grün zu schaffen ist, müssen blaue Strukturen und blaue Ordnung nachgezogen werden, sonst wird die Weiterentwicklung nicht gelingen.

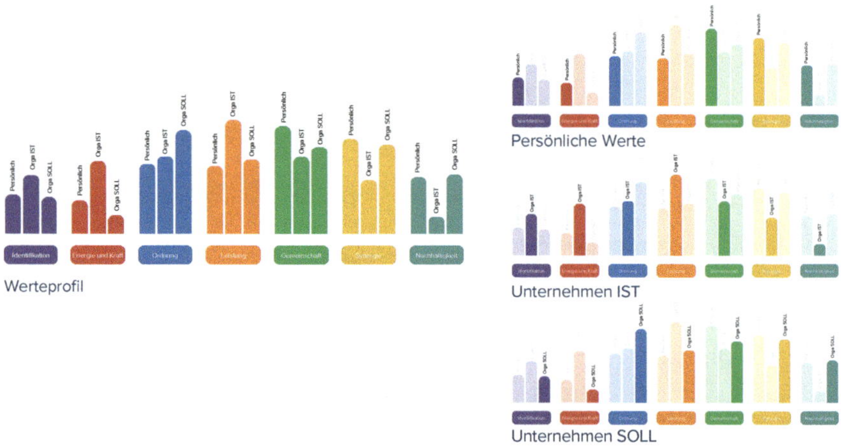

Abb. 17: Übergänge erkennen, Handlungsfelder ableiten – Vergleich der drei Fragestellungen

Wir wissen, dass das Unternehmen mit dem Profil auf dem obigen Bild in den letzten Monaten stark gewachsen ist. Vieles ist unklar, Verantwortlichkeiten sind nicht definiert, Prozesse sind im Umbruch, Strukturen dem Wachstum noch nicht nachgezogen. Diese To-dos finden wir oft bei jungen, schnell wachsenden Unternehmen. Es reicht nicht aus, hier das Wirgefühl und die Gemeinschaft zu stärken. Kein Mem darf in seiner Entwicklung übersprungen werden. Die Grundlagen für eine gesunde Weiterentwicklung liegen hier im „Nachziehen“ des blauen Mems.

Beispiele für übergeordnete Maßnahmen zu den einzelnen Systemen

In dieser Grafik (Abb. 18) findet Ihr einige typische Maßnahmen, die an den Übergängen hilfreich einwirken:

Purpur zu Rot	Förderung von individuellem Einfluss, z. B. Stärkung des Durchsetzungsvermögens Einzelner, Anerkennung individueller Beiträge, Feiern von individuellen Erfolgen
Rot zu Blau	Einführung von Regeln und Strukturen, z. B. Etablierung klarer Arbeitsabläufe, Implementierung von Kontroll- und Berichtssystemen, Definition von Zuständigkeiten, Einführung von Sanktionen für Überschreitung von Befugnissen
Blau zu Orange	Förderung von individuellem Erfolg und Wettbewerb, z. B. leistungsorientierte Anreizsysteme, Entwicklung von Ranking der Verkäufer, Verkäufer des Monats, Einführung von Karrierepfaden, Förderung von unternehmerischem Denken
Orange zu Grün	Betonung von Teamarbeit, z. B. Teamziele und Topfregelungen, Förderung von Zusammenarbeit, dezentrale Entscheidungsstrukturen, Förderung von Holokratie, Teamentwicklungen, Teamprojekten, Abschaffen von individuellen Erfolgssymbolen wie „Parkplätze für die Geschäftsleitung", Firmenwagen oder Titel
Grün zu Gelb	Integration von Komplexität und Systemdenken, z. B. flexible Projektstrukturen, Auflösung von starren Teamstrukturen, Förderung von Netzwerken, Etablierung einer Innovationskultur, Einsatz von agilen Methoden, flexible Arbeitszeiten, Selbstorganisation, Schaffung von Räumen für kreative Ideen Wissensaustausch
Gelb zu Türkis	Explorieren neuer Möglichkeiten und Paradigmen, z. B. Ermächtigung der Mitarbeiter, Fokus auf sozialer Verantwortung und globalen Auswirkungen

Abb. 18: Beispiele für übergeordnete Maßnahmen an den Übergängen

Die Veränderung vorantreiben

Unabhängig von der Art des Übergangs gibt es noch einige Maßnahmen, die helfen, die Veränderung voranzutreiben:

Feedback: Implementiert regelmäßige Feedbackrunden, um den Fortschritt bei der Kulturveränderung zu überprüfen. Dies gilt sowohl für Feedback in Teams oder an Schnittstellen als auch für die Einführung von Führungsfeedback. Immer wenn Feedback ausgetauscht wird und wir uns auf das Leitbild beziehen, entstehen folgende Effekte:

- Die Werte und Leitsätze werden ins Bewusstsein geholt.
- Das eigene Verhalten wird in Bezug auf das Leitbild reflektiert.
- Blinde Flecken werden aufgedeckt, Erwartungshaltungen werden deutlich.

Analysen: Sammelt regelmäßig Informationen von Kollegen, Kunden und anderen relevanten Stakeholdern, um ein besseres Verständnis dafür zu erhalten, wie gut die gewünschte Kultur umgesetzt wird. Ihr könnt zum Beispiel das Leitbild in Mitarbeiterbefragungen als Grundlage nehmen oder auch in Kundenbefragungen entsprechende Fragen stellen. Nutzt dieses Feedback, um Anpassungen vorzunehmen und den Kurs zu korrigieren, falls erforderlich.

Denkt daran, dass die Veränderung der Unternehmenskultur Zeit braucht und ein kontinuierlicher Prozess ist. Kulturelle Veränderungen erfordern ein sehr langfristiges Engagement auf allen Ebenen des Unternehmens.

Veränderung von Strukturen: Veränderungen gelingen leichter, wenn auch Organisationsstrukturen angepasst werden. Wenn außer der gewünschten Kultur alles beim Alten bleiben soll, ist es schwieriger, das eigene Verhalten zu verändern. Systeme tendieren immer zum Gewohnten. Das kennen wir vielleicht auf der persönlichen Ebene, wenn wir aus einem inspirierenden Seminar zurück in den Alltag gekommen sind und festgestellt haben, dass die erlernten Verhaltensweisen mit meinen Teamkollegen zusammen nicht so leicht anzuwenden sind. Oftmals wurdet Ihr vielleicht irritiert angeschaut und belächelt: „Ach ja, der/die war ja grad im Seminar …" Wenn Ihr also Verhaltensweisen in der Organisation grundlegend ändern wollt, ist jede neue Konstellation, jede neue Teamzusammensetzung hilfreich, da es dort noch wenig Gewohnheiten miteinander gibt.

Standortbestimmung und Befähigung von Akteuren: Manchmal erfordert ein Wandel auf größerer Ebene auch eine Weiterentwicklung von Individuen, um die neue Kultur aktiv leben zu können. Wir arbeiten beispielsweise beim Übergang von Grün zu Gelb mit einem Potenzialanalyse-Tool, in dem für Führungskräfte der AGI ausgeworfen wird, ein agiler Koeffizient, der misst, wie sehr eine Führungskraft in der Lage ist, auf Basis ihres Mindsets Führung auch im agilen Kontext (eher gelbes Mem) zu übernehmen. Eine solche Spiegelung kann sehr hilfreich sein, um in Menschen ein Aha-Erlebnis, Selbstflexion und damit auch Veränderung auf einer tiefgreifenden Ebene zu bewirken. Auch hier gilt Peter Druckers „Was du nicht messen kannst, kannst du nicht lenken".

Rekrutierung und Auswahl: Um die Transformation zu unterstützen, sollten neue Mitarbeitende nicht nur entsprechend des Skillsets, sondern vor allem entsprechend des Mindsets ausgewählt werden. Stellt sicher, dass die Einstellungsprozesse und -kriterien darauf abzielen, Kandidaten zu finden, die gut zur gewünschten Kultur passen. Betont bei Vorstellungsgesprächen und im Onboarding-Prozess die Bedeutung der Unternehmenskultur und gewinnt neue Mitarbeitende sofort dafür, sich entsprechend der Leitsätze zu verhalten.

Anpassung von Systemen und Prozessen: Überprüft bestehende Systeme, Prozesse und Richtlinien und passt sie gegebenenfalls an, um die gewünschte Kultur zu unterstützen. Stellt sicher, dass Leistungsbeurteilungen, Belohnungssysteme, Karrierewege und andere HR-Praktiken mit den neuen Werten und Verhaltensweisen im Einklang stehen.

Schritt 7: Erfahrungen sammeln und Ausprobieren

Wie entsteht Veränderung? – Was es braucht für Neues

Manche Unternehmen führen das Konzept der „Gruppenarbeit" oder Scrum ein und wundern sich, dass es nicht funktioniert. Oftmals wirkt hinderlich, dass die Unternehmenskultur nicht zur Methodik passt. Immer wieder gibt es Konflikte, die die Einführung belasten, verzögern oder verhindern.

Wenn wir Scrum als Beispiel nehmen, wird es vielleicht deutlicher: Scrum ist ein agiles Projektmanagement-Framework, das spezifische Anforderungen an die Beteiligten stellt. Hierarchien werden zum Teil abgeschafft, Feedback wird offen und häufig gegeben, die Projektbeteiligten arbeiten kollaborativ und kreativ in neuen Formaten miteinander. Menschen gehen bei der Einführung solcher Frameworks, also bei schwerwiegenden Änderungen der Formate ihres Arbeitsalltags und der damit zusammenhängenden Anforderungen, häufig in den Widerstand. Altgewohntes, lang Erprobtes abzulegen, erzeugt im ersten Schritt zumindest einen Lernaufwand – meist ohne die geringste Sicherheit des Nutzens oder Gelingens. Zusätzlich können neue Techniken, Verfahren oder Prozesse die eigene Position, den eigenen Status oder sogar die berufliche Perspektive gefährden. Bei agilen Methoden wie Scrum werden nicht nur andere körperliche Fertigkeiten gefordert wie bei einer neuen Maschine: Scrum greift tief in grundlegende Organisationsprinzipien des hierarchisch geordneten Miteinanders ein. Wer viele Jahre, ob nun mit Freude oder mit Ärger, in einer herkömmlichen, hierarchieorientierten und autoritären Kultur gearbeitet hat, wird sich selbst neu erfinden müssen. Wenn weder das Grundverständnis von Eigenverantwortlichkeit bei der Arbeit noch das Zutrauen in eine positive Fehlerkultur im Unternehmen vorhanden sind, stellt so eine Einführung (zum Beispiel von Scrum) eine scharfe Zäsur dar. Agiles Arbeiten bietet gutes Neues, dem aber Führungskräfte und Mitarbeiterschaft bei Weitem nicht immer positiv gegenüberstehen. Oft ist auf beiden Seiten dann Ratlosigkeit zu verspüren, wenn alte Rituale von „Anweisung und Gehorchen" an Bedeutung verloren haben.

Viele Berater vertreten daher in agilen Transformationen (ein Übergang ins gelbe Mem) die These, dass agile Methoden erst dann eingeführt werden können, wenn die Kultur der Menschen bereit dafür ist. Wir stimmen keiner der beiden Vorgehensweisen zu, sondern sind der festen Überzeugung, dass alle Ebenen der Veränderung parallel angegangen werden müssen.

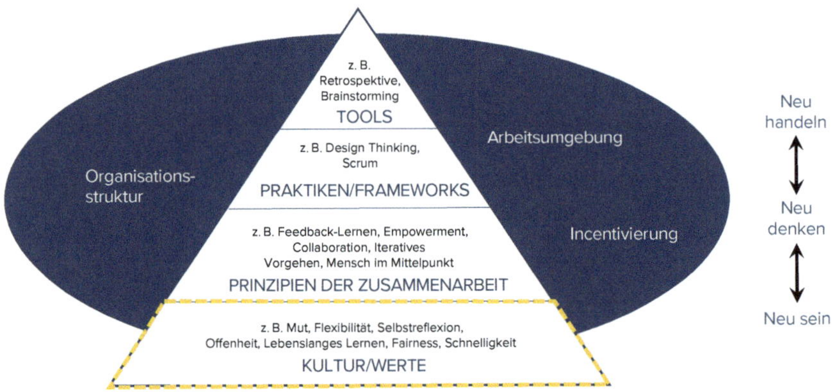

Abb. 19: Die Ebenen der Veränderung

In Abbildung 19 werden Ebenen der Veränderung in einer Organisation aufgezeigt. Die Beispiele stammen aus einer agilen Transformation. Es liegt auf der Hand, dass eine Retrospektive nicht gelingt, wenn man eine Kultur hat, in der Schuldige gesucht und Menschen abgewertet werden, wenn sie etwas falsch gemacht haben. Denn bei der Retrospektive kommt es darauf an, dass offen Feedback gegeben und angenommen wird und dass alle gemeinsam überlegen, was man besser machen könnte. Ein wertschätzender Umgang und eine konstruktive Fehlerkultur sind entscheidend, damit dieses Format zum Fliegen kommt. Unsere Erfahrung ist, dass sich eine Kultur leichter verändern lässt, wenn man dabei auch Dinge anders tut. Gleichzeitig sollte bei der Einführung neuer Formate über Werte und Kultur reflektiert und ganz bewusst andere Verhaltensweisen ausprobiert werden. In diesem Sinne ist das „Neusein" (Werte und Identität) nicht nur Voraussetzung für das „Neudenken" und „Neuhandeln". Das „Neuhandeln" beeinflusst auch das „Neudenken" und das „Neusein". Wie genau funktioniert das?

Über Bahnungen und die „Verführung“ durch Probehandeln

Unser Denken und Verhalten ist das Ergebnis von Netzwerkbildungen im Gehirn. Ein Netzwerk im Gehirn besteht aus gemeinsam aktivierten Gedanken, Gefühlen, Bildern, Erinnerungen, Erfahrungen, Vorannahmen etc. Bestimmte Gedankenverknüpfungen fallen uns leichter als andere, da dort die Verbindungen zwischen den Synapsen bereits gebahnt wurden. Mit jedem Denken dieser Gedanken werden diese Bahnungen verstärkt.

Wenn wir also in der Vergangenheit die Erfahrung gemacht haben, dass Lösungen besser waren, wenn wir sie selbst entwickelt haben, und Delegieren in der Vergangenheit dazu geführt hat, dass Aufgaben schlecht oder gar nicht abgeleistet wurden, haben wir uns auch später entsprechend diesem Glauben verhalten. Mit jeder Situation, in der wir so agiert haben, wurde das entsprechende neuronale Netzwerk aktiviert und gestärkt. Wenn wir uns also verändern wollen, braucht es neue neuronale Verbindungen im Gehirn, die künftig die Wahl schaffen, neu zu denken und damit auch ein neues Verhalten an den Tag zu legen. Diese neuen Verbindungen sind zunächst schwach und ineffizient, aber durch wiederholtes Üben und Anwenden verstärken sie sich und werden effektiver. Mit jedem Loslassen, das funktioniert, wird ein neues Netzwerk aktiviert und die entsprechenden Bahnungen werden verstärkt.

Bei Veränderungsprozessen in Unternehmen bedeutet dies, dass Gehirne aller beteiligten Menschen im Unternehmen neue Verbindungen bilden und bestehende, wenig genutzte stärken müssen, um sich an die Veränderungen anzupassen. Dies erfordert wiederholtes Training, Üben und Anwenden neuer Fähigkeiten oder Denkweisen, um die neuronalen Verbindungen zu fördern.

Entwicklung auf ein neues und anderes Niveau kann also befördert werden, wenn wir gleichsam praktisch „verführt“ werden, Aufgaben mit neuen Denk- oder Verhaltenssequenzen zu lösen, die wir vorher kaum gewagt hätten, auch nur zu denken. Nach mehreren gut moderierten Retrospektiven fühlen sich Teilnehmende plötzlich auch ermutigt, persönlich und direkt Feedback von Kollegen anzunehmen und es auch selbst zu adressieren. Wir beim berliner team nennen das die „Verführung“ zum Probehandeln, von uns auch als die „List der Transformations-Gurus“ bezeichnet.

Probehandeln kann auch in Organisations-Transformationen als Mittel der Wahl gelten. Einzelne Menschen, Teams oder eine gesamte Organisation auf Basis attraktiver Werte in Dynamik zu bringen, ist der Königsweg nachhaltiger Transformation. Mit dem Verständnis der Entwicklungsdynamik zwischen den

Wertesystemen können wir gleichsam kraftvoll und achtsam agieren. Überforderungen können vermieden und die passenden Hebel genutzt werden. Wo wir spielerisch und experimentell vorgehen, überschreiten wir leichter die Grenzen bisheriger Beschränkungen: Den Transformationsprozess begleitende Teamentwicklungen können hier einen passenden Rahmen bieten: Kollaborative Teamübungen schleifen spielerisch Neues ein und ermöglichen es, Kompetenzen zu entdecken und zu entwickeln, die im „Ernstfall Business" vorher undenkbar erschienen. Mit jeder dieser Übungen wird zum Beispiel das Netzwerk „Kollaboration auf Augenhöhe funktioniert und macht Spaß" gestärkt, was es dem Team leichter macht, diese Art zu arbeiten künftig auch im Alltag anzuwenden.

Das „Einschleifen neuer Kompetenzen" erfordert Zeit und häufige Wiederholung. Veränderungen im Gehirn geschehen nicht über Nacht, sondern entwickeln sich allmählich. Daher ist es bei Veränderungsprozessen im Unternehmen wichtig, den Mitarbeitenden ausreichend Zeit und Ressourcen zur Verfügung zu stellen, um neue Fähigkeiten zu erlernen und diese zu festigen.

Die IT-Mitarbeiter und Mitarbeiterinnen aus Bamberg waren bislang von Görlitzer Seite nur als „Nerds" wahrgenommen worden – ihre feste und starke Verbindung zur Produktentwicklung am Standort Bamberg war weitgehend unbekannt gewesen. Umso überraschender war es, als es eine Einladung zu einem „Design-Sprint" aus Bamberg gab, zu dem die Kollegen der Görlitzer IT, der Produktentwicklung und des Vertriebs eingeladen wurden. „Vier Tage Zeitaufwand und das in diesen Zeiten …", stöhnten nicht wenige. Der unglaubliche Erfolg dieses Meetings brachte aber eine komplett neue Dynamik in die Zusammenarbeit unterschiedlicher Abteilungen und der beiden Standorte: In vier Tagen hatten sie mithilfe von Kunden- und Stakeholder-Interviews, mit dieser Methodik aus dem agilen Framework, tatsächlich eine Lösung gefunden, massive Ineffizienzen auszubügeln und eine neue Produktidee aufzusetzen, für die es schon vorab feste Bestellungen im Wert von 4,8 Millionen Euro gab. „Dieser Zeitinvest hat sich ja sofort gelohnt", bemerkte Lennard und freute sich über die offenbar selbstwachsende Dynamik.

Schritt 8: Erfolge kommunizieren

Wie bereits erwähnt sind die Schritte 6 bis 10 als parallele Prozesse zu betrachten. Die Kommunikation in der wertebasierten Transformation ist von Anfang an mitzudenken und ein entscheidender Erfolgsfaktor. In den Schritten 1 bis 5 haben wir sie explizit erwähnt und Anregungen dafür gegeben. Ab Schritt 6 wird sie ein laufender Prozess, zu dem sich das Kernteam Gedanken machen sollte.

Wir Menschen sind manchmal wie Herdentiere. Das heißt, wir fühlen uns wohl, wenn wir wissen, dass es uns so geht wie den anderen auch und dass auch andere den Weg der Veränderung einschlagen. Schon allein deshalb ist es wichtig, regelmäßig Erfolge zu kommunizieren, aber auch über Irrwege und Fehler zu berichten. Dies gibt der Mannschaft das Gefühl, es geht voran und mit den eigenen Rückschlägen und Schwierigkeiten ist man nicht allein. Vielleicht gelingt es sogar, voneinander zu lernen, indem Tipps geteilt werden und Lösungen anderer Anregungen für den eigenen Weg geben. Der Eindruck muss entstehen, dass Veränderung überall ist und alle hier am selben Strang ziehen.

Direkte Kommunikation an alle

Schon bei Schritt 1 haben wir ausgeführt, dass es in jedem Unternehmen die Möglichkeit der direkten Kommunikation an alle braucht. Diese Form der Kommunikation ist immer wichtig, ganz unabhängig davon, ob Ihr eine Transformation plant oder nicht. Ihr fördert damit die Motivation der Mitarbeitenden, die Beteiligung an den Belangen des Unternehmens und die Identifikation mit dem Unternehmen. Um sicherzustellen, dass in der Hierarchie Informationen nicht irgendwie oder gar nicht ankommen, sollten wichtige Infos direkt übermittelt werden können. Und wie ebenfalls bereits beschrieben ist hier die E-Mail nicht das Mittel der Wahl.

Große Herausforderungen sehen wir bei Unternehmen, bei denen große Teile der Belegschaft eher praktisch unterwegs sind und nicht am Schreibtisch sitzen. In der Autowerkstatt sind Videokonferenzen immer noch eine Seltenheit. Es ist oft nicht einmal so, dass jeder Mitarbeiter einen eigenen Rechner hat. Gleichwohl lohnt es sich, auch hier Lösungen zu finden, denn gerade in den handwerklichen Berufen ist die Unzufriedenheit oft groß, und aufgrund des Fachkräftemangels ist es schwer, Menschen zu ersetzen, wenn sie sich woanders hingewendet haben. Mit einer guten Kommunikation fühlen sich

Mitarbeitende „gesehen", ernst genommen und für wichtig befunden. Ihr habt keine Zeit, an jedem Standort persönlich zu erscheinen? Ihr habt kein Budget, um in jeder Werkstatt einen Bildschirm zu installieren? Seid Euch bewusst, dass die Kosten, die durch mangelhafte Kommunikation im Unternehmen entstehen, immens sind und wahrscheinlich deutlich höher als die Investition, die Ihr tätigen müsstet. Durchschnittlich kosten jede Kündigung und anschließende Neubesetzung das 1,5-fache Jahresgehalt der Stelle. Die Stellenbesetzung kostet Budget und Ressourcen, aber auch die Einarbeitung kostet Zeit. Das heißt, jede Investition, die in einen guten Zusammenhalt des Teams und eine hohe Mitarbeitermotivation gesteckt wird, zahlt sich doppelt und dreifach aus.

In der wertebasierten Transformation gibt es zentrale Informationen, die regelmäßig an alle Mitarbeitenden kommuniziert werden sollten. Die grundsätzliche Richtung, Entscheidungen, der Stand der Dinge, Erfolge – dieser Kanal sollte einmal im Monat genutzt werden, um neben anderen Infos zum Unternehmen, die gesendet werden, die Transformation zu befüttern und am Laufen zu halten. Auch ein Rücklauf, ein Austausch über das Vorankommen, ist durch entsprechende Formate zu unterstützen: Niederschwellig, regelmäßig, leicht und angenehm gestaltet, laden wir am besten ein, um Informationen abseits der täglichen operativen Arbeit fließen zu lassen: Ein „Transformations-Brunch" oder ein einfaches „Brezel-Meeting" für größere Gruppen können hierfür Beispiele sein.

Die Kommunikations-Infrastruktur über Medien oder Plattformen

Wie ebenfalls in Schritt 1 beschrieben solltet Ihr überlegen, über welches Medium ihr konstant Informationen über die Transformation bereitstellt. Hier können Mitarbeitende bei Bedarf tiefer graben und sich einlesen. Auch wenn jemand erst später ins Unternehmen eingestiegen ist oder es jemandem nicht möglich war, an einer direkten Kommunikation teilzunehmen, kann hier im Nachhinein alles Wichtige nachgelesen werden. Auf der digitalen Plattform können Teams ihre Erfahrungen veröffentlichen, erfolgreiche Maßnahmen können geteilt, Ergebnisse eingestellt werden. Auch neue Tools können beschrieben, Videos hochgeladen oder andere Seiten mit spannendem Input verlinkt werden.

Mögliche Tools sind Confluence, Microsoft-Teams oder eine Mitarbeiter-App. Unterschätzt jedoch nicht, wie wichtig es ist, dass diese Tools beständig aktuell gehalten werden. Wenn ein neues Tool eingeführt wird, braucht es eine

Weile, bis es wirklich angenommen wird. Nur wenn Mitarbeitende die Erfahrung machen, dass sie in dem Tool regelmäßig Inhalte finden, die sie als interessant erachten, schauen sie auch regelmäßig rein. Das heißt, jemand muss sich dafür verantwortlich fühlen, das Tool lebendig zu halten. Diese verantwortliche Person muss Erfahrungsberichte, Erfolge und Geschichten aus dem Unternehmen einsammeln und in Nachrichten im Tool umwandeln, sie muss sich Fotos und Berichte von Teamerfahrungen schicken lassen und daraus Beiträge machen. Und das jeden Tag!

Kommunikation nach extern

Wollt Ihr, dass Eure Transformation auch nach außen ausstrahlt? Dann denkt auch an die Kommunikation gegenüber Kunden, Geschäftspartnern und an den Arbeitsmarkt. Das Leitbild auf der Website reicht dafür nicht. Die Kunden sollen ruhig erfahren, wenn Ihr Euch besser auf sie einstellt, flexibler werdet oder innovativer. Potenzielle Mitarbeitende dürfen gerne wissen, dass Ihr auf Teamgeist oder Selbstorganisation setzt. Wo informieren sich Eure Kunden, die Bewerber, die Partner über Euch? Ist LinkedIn das Medium Eurer Wahl oder lieber Instagram? Auch hierüber solltet Ihr Euch Gedanken machen.

Das Bergfest

(You Gotta) Fight for Your Right (to Party!)

ValueParty ist ein wertebasierter Transformationsprozess. Die Frage, wo und wann denn nun tatsächlich gefeiert wird, wird genau jetzt beantwortet:

Manche unserer Kunden veranstalten nach einiger Zeit und einer ersten gelungenen Startphase in die Transformation eine Art „Bergfest", also eine ValueParty-Party mit allen Kollegen, die an der Transformation beteiligt sind. Dieses Event ist Orientierungspunkt und Gelegenheit, den Stand der Resultate zu feiern. Wer weiß, dass die Resultate der eigenen Arbeit vor allen gezeigt werden, fühlt sich dadurch oft noch mals mehr motiviert.

Wollt Ihr ein Bergfest feiern? Dies bietet die Chance, das Projekt wieder in das Zentrum der Aufmerksamkeit zu rücken, die bereits erzielten Erfolge zu kommunizieren, alle Menschen zusammenzubringen, damit das „Wir" zu stärken und auch „Danke" zu sagen für die vergangenen Bemühungen. Es hebt das

Projekt aus dem „Dahinplätschern“ heraus und alle, die zu diesem Zeitpunkt dachten, es ist nichts passiert, werden eines Besseren belehrt.

Ein anderer Effekt, ein solches Bergfest vorab in den Projektplan einzufügen, ist es, einen Meilenstein auf der Zeitleiste zu markieren: Er dient als Motivator für die leitenden Akteure, bis zu diesem Zeitpunkt auch etwas Vorzeigbares erledigt und geschaffen zu haben.

Wenn Ihr das Projekt habt schleifen lassen und nicht nachgehalten wurde, nicht die notwendigen Ressourcen bereitgestellt wurden oder die Führungskräfte den Kulturwandel nicht mitgetragen haben, so wird es zum Bergfest deutlich werden. Hier Erfolge zu kommunizieren, die keine sind, wirkt schal und bringt nicht die erhoffte Motivation. Also überlegt es Euch gut.

Martha, die Organisatorin aus dem Kreis des Kernteams, hatte mit aller Kraft dafür geworben, gemeinsam mit dem gesamten Unternehmen wichtige Resultate der Transformation in einem stimmungsvollen Event wirklich als ValueParty-PARTY zu gestalten. Lennard hatte für Budget gesorgt: Das diesjährige 100. Firmenjubiläum bot einen großartigen Anlass: Alle Mitarbeitenden waren ohnehin schon eingeladen für die Feier am Freitag, den 4. Mai.

Maria hatte die Idee, nach einem Jahr der Transformation eine zweite Werteanalyse zu machen, um zu sehen, was sich in dem Jahr verändert hatte. Mit der App kostete das jeden nur rund 20 Minuten.

Die Mitarbeiter wurden schon einen Tag vorher, zum Mittag des Vortages des Jubiläums, eingeladen, um sich gemeinsam auf das Großevent am nächsten Tag einzustimmen: „Wir werfen zusammen noch mal einen Blick auf unser Werteprofil von vor einem Jahr sowie auf das aktuelle, um das, was uns gelungen ist, zu feiern und gemeinsam einen Blick auf das zu werfen, was uns noch belastet.“

Die Festhalle, die für die inzwischen 350 Mitarbeiter einen schönen Rahmen bot, wurde so vorbereitet, dass am Nachmittag des Donnerstags alle zusammenkommen konnten: Eine kurze Einführung von Lina, und dann begannen die Mitglieder des Kernteams, die Aktionen des letzten Jahres, die Ergebnisse der Projekte und die Resultate des neuen Werteprofils im Vergleich zu dem von vor einem Jahr vorzustellen. Im Wechsel von Präsentation und Diskussion in Kleingruppen wurde die Meinung der Mannschaft zu verschiedenen Fragen in Form eines World Cafés eingeholt. (Ein World Café ist eine Form der Großgruppenkonferenz, in der sehr dynamisch in

Kleingruppen zu wechselnden Fragen kreativ gearbeitet, diskutiert wird und Antworten notiert werden.)

Die Gruppen fanden sich und gerieten schnell ins Diskutieren, was als Nächstes zu tun sei. Durch den Vergleich des „alten Werteprofils" und des neuen war es möglich, die ersten Schritte der Veränderung zu entdecken. Auch Themen, bei denen es nicht so recht vorangegangen war, wurden klar benannt und Resonanzgruppen dafür zusammengestellt.

Die Projektsponsoren, Lina und Lennard, mussten die Gruppen dann bremsen und geleiteten die Kollegen und Kolleginnen schließlich zum gemeinsamen Abendessen mit den Familien, die ja für die große Feierlichkeit am nächsten Tag mit angereist waren. Abschließend bedankte die Geschäftsleitung sich – sichtlich gerührt und angetan – bei allen Beteiligten für die rege und leidenschaftliche Mitarbeit am heutigen Tage.

Übrigens: Sämtliche Plakate, die bei der ValueParty-Party erarbeitet wurden, wurden auf ausdrücklichen Wunsch der Mannschaft für die Feier am nächsten Tag im Raum hängen gelassen, ebenso das Werteprofil. Großer Stolz auf die Firma und große Motivation, gemeinsam voranzugehen, wollte sich zeigen:

Das Motto der Feier am nächsten Tag wurde spontan geändert: „Die ERSTEN 100 Jahre waren GUT. Die zweiten 100 werden großartig und WERTvoll!"

Schritt 9: Umgang mit Krisen – Widerstand als Symptom

Wir kennen das Mantra von den „Krisen, die nur dornige Chancen" sind. Für uns ist das eine wenig empathische und unzureichend ernsthafte Betrachtungsweise. Krisen sind Teil von Veränderungen und erforderlich, um Kompetenzen auf höherer Ebene zu entwickeln. Angenehm sind sie deswegen nicht, und „mannhafte" Durchhalteparolen oder yuppiehaftes Geplänkel im Angesicht einer Krise zeigen zumeist nur flaches Reflexionsvermögen über sich selbst und die Abwesenheit von Empathie anderen gegenüber.

Krisen können sehr unangenehm sein und Widerstand im Prozess der Veränderung erzeugt Stress im System! Als Prozessverantwortlicher neigt man vielleicht dazu, Widerstand abwehren und Krisen unterbinden zu wollen.

Ein krisenfreier Verlauf einer gewichtigen Veränderung wäre jedoch etwas sehr Ungewöhnliches. Der Schritt in etwas Neues hinein stellt sich für viele Beteiligte oder Betroffene häufig wie ein Tritt über eine Schwelle dar. Von einzelnen Teams kennen wir die Stufen der Teamdynamik nach Tuckman (1965) mit den Phasen Forming, Storming, Norming und Performing. Die Kernbotschaft ist: Immer, wenn es Veränderungen im System gibt, werden diese Phasen durchlaufen. Die „Stormingphase" mit ihren Spannungen, Konflikten und Dynamiken kann für gewöhnlich nicht übersprungen werden. Wichtig ist es eher, dass diese Reibungen zum Anlass genommen werden, um unterschiedliche Sicht- und Herangehensweisen im Dialog miteinander zu bearbeiten. Nur dadurch kann es zu einem „Norming" kommen, eine neue Form des Miteinanders nach der Veränderung, und dann zu einem neuen „Performing".

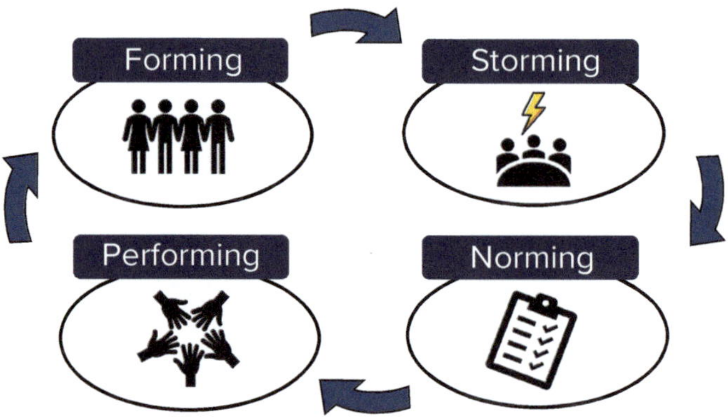

Abb. 20: Die Teamuhr nach Tuckman

Auch die Change-Kurve, die wir auf bereits vorgestellt haben, verdeutlicht: Für gewöhnlich gehört zu einem Wandel die Phase des Widerstands dazu, bevor das Alte losgelassen werden kann, um Neugierde für den neuen Weg zulassen zu können. Auch hier ist die Erkenntnis, dass für Widerstand Raum gewährt werden sollte. Wenn er unterdrückt und abgewertet wird, so wird er sich verfestigen.

Wenn wir also das Bild der „Schwelle" aufnehmen, so können wir handlungsfähig bleiben und mit der passenden Gelassenheit die Krise wahrnehmen und angehen. Die Krise ist Symptom für eine Schwelle, einer normalen Dynamik, sie signalisiert uns, dass Veränderung jetzt möglich, aber auch mit Energie zu bewältigen ist. Barrierefreie Transformationen ohne Krisen sind uns bisher nicht begegnet.

Symptome von Krisen / Formen von Widerstand

Doch woran können wir Widerstand und Krisen erkennen, um zu wissen, dass wir handeln müssen? Formen des Widerstands können sehr unterschiedlich sein. Offener Widerstand, also Blockaden, grundsätzliche Ablehnung oder komplettes Infragestellen, fordern den handelnden Akteuren Gelassenheit, Klarheit im Geiste und Verständnis für die systemischen Grundlagen von Veränderungsprozessen ab. Nun lasst uns ein paar Beispiele betrachten, wie sich Widerstand ausdrücken kann:

Symptom 1: Es passiert nichts

Zumeist beginnen Krisen in Transformationen sehr leise: Es passiert dann nämlich oft wenig oder gar nichts: Nach dem dynamischen Kick-off, ersten Vorhaben, Planungen und Vereinbarungen, die noch mit Schwung und Schwur gestaltet wurden, werden Termine verschoben, Meetings zum Transformationsthema nur noch mit wenigen Menschen durchgeführt. Spontane Urlaube, andere wichtige Termine oder Krankheitsfälle dünnen das Feld der Akteure aus. Die „Sinnfrage" deutet sich hier und da an, Hindernisse aus dem operativen Tagwerk behindern vereinbarte Vorhaben. Auf Nachfrage stellt sich heraus, dass die Dynamik der Kommunikation nachgelassen hat und Resultate von Meetings und Workshops wieder den alten Trott abzubilden scheinen. Systeme haben die Eigenschaft, in einen stabilen Zustand zurückzuschwingen, wenn die Anziehungskraft des Neuen nicht beständig, stark und breit gestreut wirksam wird. Widerstand zeigt, dass wir an sensiblen Punkten angekommen sind.

Symptom 2: Rückgang der Arbeitsleistung

Wenn sich Menschen nicht mit den angedachten Entwicklungen identifizieren können, wenn sie genervt oder sogar frustriert sind, kann sich Widerstand auch in der Arbeitsleistung der Mitarbeitenden zeigen. Symptome könnten zum Beispiel ein Abnehmen der Produktivität, ein erhöhter Krankenstand oder auch ein Nichteinhalten neuer Richtlinien oder Prozesse und das Ignorieren von Anweisungen sein. Auch ein Rückgang der Qualität der Arbeit, Zunahme von Kundenausfällen oder -beschwerden oder Unpünktlichkeit können Zeichen von fehlendem Commitment sein.

Symptom 3: Seltsames in der Kommunikation und Interaktion
Negative Stimmung und Misstrauen, häufige Beschwerden oder Kritik, zunehmende Konflikte, Rückzug und mangelnde Beteiligung sind Signale für Widerstand. Manchmal zeigt er sich in abnehmender Kommunikation – es wird einfach nicht mehr miteinander gesprochen. Menschen werden still. Oder es wird mehr gesprochen, aber nicht direkt, sondern übereinander. Gerüchte und Küchengespräche nehmen zu. Wo man auch hinkommt, ist die Krise das Gesprächsthema Nummer 1, verbunden mit hoher Emotionalität und scheinbarer Irrationalität in Argumentationen.

Symptom 4: Ausbruchshafte Emotionalität an scheinbar unpassenden Stellen
Veränderung ist für die allermeisten Menschen belastend. Wenn die Dinge sich aber merklich und in den Konsequenzen unabsehbar und dann noch rasch verändern, entsteht oft große innerliche Unruhe. Manche Menschen gehen damit bedacht und ruhig um. Wenn aber kaum Gelegenheiten wahrgenommen werden, wo auch Ängste und Bedenken Raum finden, wo Verlustängste geäußert werden können, entsteht manchmal Explosives. Das irritiert. Und ist gleichsam auch Ausdruck von Irritation. Durchatmen, ernst nehmen und dennoch mit Klarheit gemeinsam den Weg ausgestalten ist hier eine passende Haltung.

Symptom 5: Mitarbeiterbindung und -zufriedenheit nimmt merklich ab
Schlussendlich drückt sich Widerstand in fehlender Zufriedenheit und Bindung der Mitarbeiter zum Unternehmen aus. Symptome könnten beispielsweise die Abnahme der Mitarbeiterbindung und damit die Erhöhung der Fluktuation, Kündigungen von Leistungsträgern, Rückgang von Eigeninitiative oder auch Zunahme von Zynismus oder Sarkasmus im Umgang mit der Veränderung sein.

Umgang mit Widerstand
Gemeinsam mit dem Verständnis, dass Widerstand und Krisen normal und praktisch unausweichlich sind, können wir die Dinge zuerst einmal wahrnehmen und nachvollziehen und dann gegebenenfalls lösen oder bewältigen, anstatt Schuldige zu identifizieren oder demotiviert davonzulaufen.

Es gibt einige Grundprinzipien im Umgang mit Widerständen, die regelmäßig helfen können:

„Was gehen soll, muss bleiben dürfen“

Dieses Zitat kommt aus der systemischen Beratung und bezieht sich auf die Idee, dass der Versuch, ein Thema zu verdrängen, wegzuschieben oder zu ignorieren, oft dazu führt, dass es stärker und sogar wirksamer wird. Im Kontext von Veränderungen und Widerstand bedeutet dies, dass wenn Menschen sich gegen Veränderungen wehren oder Widerstand leisten, es oft kontraproduktiv ist, diesen Widerstand zu bekämpfen oder zu ignorieren.

Stattdessen empfiehlt es sich, Raum für Widerstand zu bieten und Verständnis dafür zu zeigen. Dies kann dazu führen, dass die Personen, die Widerstand leisten, das Gefühl haben, gehört und respektiert zu werden. Dadurch fühlen sie sich vom Neuen weniger bedroht und sind möglicherweise eher bereit, die Veränderung zu akzeptieren oder zumindest offener dafür zu sein.

So paradox es klingen mag, das Zulassen und Anerkennen des Widerstands – das „Bleibenlassen“ dessen, was gehen soll – kann tatsächlich dazu führen, dass der Widerstand weniger wird.

Verabschiedung des Gewesenen – mit „Respekt“

„Respekt“ ist eine der Wortmarken, für viele ein sehr bedeutsamer Wert, die mit sehr unterschiedlichen bis hin zu gegensätzlichen Bedeutungen gefüllt und aufgeladen sein kann. Wir als berliner team verstehen „Respekt“ als eine grundsätzliche und unbedingte Haltung von Anerkennung und Wertschätzung allen Menschen gegenüber. Wenn wir etwas Neues gestalten oder etwas Bedeutsames neben das Bisherige setzen, gibt es Situationen, in denen der Abschied vom Bisherigen beängstigend oder zumindest bedrohlich erscheint. Ohne gute Gründe das Bisherige „abzuschaffen“, führt häufig zu massivem Widerstand.

Menschen, die vollständig eingenommen sind von Neuerungen, von neuen Vorgehensweisen, neuer Technologie oder neuen Umgangsformen, verlieren oft den Anschluss an die Karawane. Sie stürmen voran, teilen sich euphorisch mit und werten bisher Gewesenes ab. Wenn wir beispielsweise den Prozess der sogenannten deutschen Wiedervereinigung betrachten, haben wir fast alle Zutaten dafür, Widerstand gegenüber einer Veränderung massiv zu provozieren: „blühende Landschaften“ zu versprechen, Bananen, Gebrauchtwagen, abgehalfterte Professoren, mittelmäßige Manager und unbezahlbare Kredite zu liefern, anschließend die Treuhand zu schicken und dann ein Ampelmännchen als Trostpreis …? Wer Widerstand provozieren will, verhält sich exakt so – und nennt es dann „Wiedervereinigung".

Euphorisch vom „Neuen" Begeisterte stellen das Neue nicht neben das Bisherige, sie stellen es darüber, bis hin zur Auslöschung des Altvertrauten: „Der neueste ‚heiße Scheiß' stellt alles bisher Gewesene vollständig ins Abseits" – so ist häufig die euphorisierte Botschaft der Träger: „Technology Evangelist" ist eine tatsächliche Aufgabenbeschreibung nicht nur bei Konzernen wie Apple, Google und Amazon. Das mag für die Interessen einzelner Unternehmen oder Gemeinschaften passend erscheinen. Evangelisten „predigen" und gehen davon aus, „die Wahrheit" zu verkünden oder für den Einen (Gott) zu sprechen. Nicht nur für Atheisten ist das mehr als befremdlich, wenn nicht sogar abstoßend. Besonderer Zynismus wird oftmals gespürt, wenn von „Technologieoffenheit" gesprochen wird und gleichzeitig massiv Interessen alter Industrien gefördert und Neuerungen behindert werden. Tatsächliche „Offenheit" zeigt sich eben nicht an festen und unveränderlichen Glaubenssätzen:

Regionskriege oder vordergründige Religionskriege sind nicht zufällig Teil einer mehr als 2000-jährigen Geschichte der Menschheit. Anders als bei diesen Evangelisten empfehlen wir, dem Alten angemessen Respekt zu erweisen: „Dinge haben ihre Zeit, auch die guten", so wird es Michel de Montaigne zugeschrieben. Wer dem „Alten" keinen Respekt erweist und nur das Neue propagiert, greift Menschen auf der Identitätsebene an.

Die Dynamik der Initiative, die neuen Formate, Umgangsformen und auch Werkzeuge brachten einen wuchtigen Schwung an Veränderungen. Neue Akteure und Akteurinnen wurden häufig zu Wortführern. Auch Streit gab es und manchmal sehr seltsame Phasen, in denen nichts zu geschehen schien. Das eingeführte Format der „Retrospektive" und die neue Feedbackkultur sorgten aber für Klarheit und größtenteils Einvernehmen. Einer der alten Meister hatte gekündigt, nachdem er keine Chance mehr hatte, den Urlaubsplan im Verborgenen und in seinen Leitzordnern zu führen. Andere hatten neue Tätigkeitsfelder gefunden, weil in ihrem Bereich sinnlose Verwaltungs- oder Kontrollaufgaben eingespart werden konnten. Für Karl aber blieb es schwer: Sein Verstand sagte ihm, dass sie gemeinsam auf dem richtigen Wege seien; sein Empfinden aber schmerzte ihn, dass nun Flexibilität und „agiles Vorgehen" die neuen Trumpfkarten im gemeinsamen Spiel geworden waren: „Iterativ, kollaborativ und hierarchiearm" zu arbeiten, blieb ihm fremd. „Karl, wie wollen wir damit umgehen, dass es dir offenbar mit der Ausgestaltung unseres Weges nicht gut geht?“, fragte Lina. „Ich verstehe, was wir wollen, ich denke, es ist vernünftig, den Weg weiter zu beschreiten“, hob Karl an. „Dennoch frage ich mich, was meine zukünftige Rolle sein soll. Ich liebe die Maschinen, die wir produzieren, vielleicht können die jungen Leute meine technische Expertise und meine Erfahrung nutzen?“ „Wie wäre es damit“, fragte Lina, „wir haben nun fast wöchentlich Design-Sprints zu neuen Produktideen. In diesen Workshops suchen die Projektmitglieder immer den Austausch mit den Stakeholdern, Kunden und Experten … Wie wäre es, wenn du regelmäßig ‚als Stimme der Vernunft‘, als Herausforderer der technischen Ideen einsteigst?“ „Dann hätte ich aber keine Zeit mehr für meine Führungsrolle in der Disposition …“ Lina antwortete mit einem Strahlen: „Karl, wir wissen, dass du auch mehr Zeit mit deiner Frau verbringen willst, es geht ihr ja nicht so gut. Wir bieten dir an: Du reduzierst deine Stundenanzahl auf 20 Stunden bei gleichem Gehalt und wir sorgen für eine Nachfolge. Ein Abteilungsleiter aus Bamberg hat schon angefragt, ob es nicht für ihn eine Stelle in Görlitz geben würde …“ Schon wollte Karl ein wenig grummeln, doch kurz darauf machte sich ein breites Grinsen auf seinem Gesicht breit. „Wenn ich so darüber nachdenke …“

Störungen haben Vorrang

Auch dieser Leitsatz stammt aus dem systemischen Denken und sagt im Zusammenhang mit Widerständen aus, dass diese nicht einfach ignoriert, ausgesessen oder abgetan werden sollten. Denn sonst manifestieren sie sich und behindern Abläufe und damit Ergebnisse. Die Fantasie, man könne auf sachlicher Ebene gut miteinander arbeiten, wenn es emotionale Spannungen gibt, trifft nicht zu.

Stattdessen sollte man Widerstände als wichtige Informationen oder Signale betrachten, die auf mögliche Probleme, Mängel oder Verbesserungspotenziale hinweisen. Damit bieten sie Chancen auf wertvolle Erkenntnisse und Lösungen, die letztendlich zu Verbesserungen des Prozesses führen können.

Ursachen erforschen, statt Symptome oder Anlässe zu bearbeiten

Nehmen wir als Beispiel an, dass ein Symptom von Widerstand im Veränderungsprozess die mangelnde Beteiligung der Botschafter an den Botschafter-Meetings ist. Würde man nur das Symptom behandeln, würde man zum Beispiel die Botschafter-Meetings verpflichtend machen und die Abwesenheit sanktionieren. Was sich jetzt absurd anhört, ist tatsächlich ein häufiger Impuls von Projekttreibern, die sich durch den Widerstand persönlich gekränkt fühlen.

Doch es kommt darauf an, die zugrunde liegenden Ursachen für die mangelnde Beteiligung zu verstehen, anstatt nur die offensichtlichen Ausdrücke des Widerstands zu behandeln. Der Widerstand könnte Symptom tiefer liegender Probleme sein. Im vorliegenden Beispiel könnte eine Kultur der Angst oder des Misstrauens im Unternehmen, in der Mitarbeitende sich nicht trauen, neue Ideen einzubringen oder Kritik zu üben, eine Ursache dafür sein, dass die Botschafter kein Engagement in den Meetings zeigen. Vielleicht haben sie sogar negative Erfahrungen mit ihrer Offenheit gemacht, die zu einem Abflauen der Motivation geführt haben. Erst wenn wir dies erfahren und ernst nehmen, können wir Lösungen dafür finden, die das Unternehmen voranbringen.

Besonders einprägsam ist hier das Bild der Beule im Teppich. Tritt man nur drauf, um sie zu beseitigen, wird sie an anderer Stelle wieder hochkommen. Erst wenn man den Teppich hochhebt, um darunter zu sehen, was wirklich stört, wird man die Ursache beseitigen können.

Dialog ist das erste Werkzeug der Wahl

Es gibt kaum ein Instrument, das bei Widerstand besser hilft, als den Dialog anzuregen. Damit meinen wir nicht ein wechselseitiges „An-den-Kopf-Werfen“ von Argumenten und Abwertungen, sondern einen offenen Austausch der unterschiedlichen Sichtweisen, in dem insbesondere die Projektverantwortlichen in erster Linie einfach zuhören, nachfragen und versuchen zu verstehen. Integriert also immer wieder Dialogformate in Euren Veränderungsprozess, in denen die Mitarbeitenden Raum finden, ihre Ideen und Wünsche, aber auch ihre Bedenken, Sorgen und Ängste zu äußern.

Wenn Retrospektiven als Format eingeführt sind, dann ist spätestens genau jetzt der Moment gekommen, miteinander wohlmoderiert in passender Zusammensetzung die Kernfragen einer Retro zu besprechen:

- Was gelingt uns im Miteinander gut bezüglich unseres gemeinsamen Vorhabens?
- Wo haben wir Schwierigkeiten, was läuft nicht rund?
- Welche Ideen haben wir, um unser Miteinander in Richtung unseres Vorhabens zu verbessern … Und was sind die Hebel, die wir bedienen sollten?

Das Sponsorenmeeting
Bei manchen Krisen sind die Projektsponsoren gefragt. Insbesondere wenn Führungskräfte den Veränderungsprozess nicht mittragen, wird es nicht ohne eine klare Positionierung der Sponsoren gehen, bei denen es sich ja um die obersten Führungskräfte in der betreffenden Organisation handelt.

Der Projekttreiber, der ja regelmäßig ein Sponsorenmeeting einberuft, würde dies auch an dieser Stelle tun, um Widerstände und Krisen, die das Kernteam allein nicht lösen kann, dort zu besprechen.

Veränderungen sind nie einfach, sondern manchmal sogar ziemlich unbequem. Daher gilt es für die Sponsoren, klar Position zu beziehen und möglicherweise auch unangenehme Entscheidungen zu treffen. Eine der wichtigsten Situationen ist die, wenn Führungskräfte in der Organisation den Veränderungsprozess behindern.

Bitte achtet jedoch auf die Haltung, in der diese Meetings ablaufen. Bleibt auf der Metaebene und sprecht sachlich über das, was ihr wahrnehmt, über die Konsequenzen, die es auf den Veränderungsprozess hat, und über mögliche Lösungswege. Es darf hier nicht eine Atmosphäre entstehen, in der über Abwesende auf abwertende Weise hergezogen wird mit dem Effekt, dass im Nachgang die Betreffenden von ihrer Chefin zurechtgewiesen werden. Ein solcher Umgang mit Widerstand würde zum Vertrauensverlust führen und hätte zur Konsequenz, dass Widerstände in Zukunft nur noch heimlich ausgetragen werden, was einen Umgang damit nur erschwert.

Beispiele für typische Krisen und Lösungsmöglichkeiten

Führungskräfte leben die neue Kultur nicht vor oder unterstützen die Botschafter nicht

Wenn eine Kultur wirklich verändert werden soll, kommen wir nicht darum herum, die Führung in den Blick zu nehmen. Führungskräfte spielen eine entscheidende Rolle bei der Gestaltung der Unternehmenskultur. Sie beeinflussen durch ihre Haltung maßgeblich, ob und wie das Leitbild gelebt wird oder nicht, während sie die gewünschten Verhaltensweisen vorleben und im Team einfordern, indem sie zum Beispiel den Mitarbeitenden klar und respektvoll Feedback geben.

Auch haben sie die wichtige Aufgabe, den Botschaftern den Rücken zu stärken und die von den Botschaftern initiierten Dialoge oder Maßnahmen zu unterstützen. Ähnlich wie das Kernteam manchmal den Sponsor braucht, um manche Themen mit Nachdruck voranzutreiben, brauchen die Botschafter ihre Führungskräfte. Maßnahmen, die Budget erfordern, können oft nicht vereinbart werden, wenn die Führung sie nicht unterstützt. Nicht einmal Termine für Dialoge können gefunden werden, wenn sich die Führung einer Abteilung oder eines Teams dagegenstellt. Unterstützung und Support durch die Führungsmannschaft ist also elementar für das Gelingen des Prozesses.

Wenn Ihr also eine Abteilung, einen Bereich oder ein Unternehmen verantwortet, stellt Euch nachfolgende Fragen:

- Wie offen sind Eure führenden Köpfe für die Veränderung?
- Wie gut sind Eure Führungskräfte für die Veränderung gerüstet?
- Passt ihr Verhalten zu dem Leitbild, das zum Leben gebracht werden soll?
- Woran merkt eine Führungskraft, wenn sie nicht die Werte verkörpert, die die neue Kultur mit sich bringt? (Nebenbei: Passt Dein eigenes Verhalten dazu? Was gedenkst Du dafür zu tun, dass es passt?)

Die Entwicklung der neuen Kultur auf Basis des gemeinsam formulierten Leitbilds ließ sich gut an: Unter dem Wert „Innovation" war als einer der Kernpunkte der Umgang mit Fehlern herausgearbeitet worden. Für eine neue Fehlerkultur lauteten die Kernsätze:

> *„Wir als Menschen machen Fehler. Wir gehen offen damit um, geben einander wohlwollend und klar Feedback dazu und lernen gemeinsam, um daran zu wachsen."*

Die Arbeitsgruppe war stolz auf die Formulierung und hatte den Vorschlag mit großer Zustimmung in das neue Leitbild eingebracht.

Theoretisch war schnell großes Einvernehmen hergestellt, theoretisch ...Einige der Meister in der Fertigung standen der neuen Dynamik zwar wohlwollend gegenüber, in der Praxis fürchteten sich insbesondere jüngere Kollegen aber sehr, für individuelle Fehler vor den Teams zur Verantwortung gezogen zu werden. „Unser Meister, Klaus Nagold, ist ein Fanatiker, was Qualität und Details angeht", berichtete Pjotr, einer der jungen Gesellen. „Er scheint jeden Fehler sofort zu bemerken und verkündet das dann auch vor der versammelten Truppe mit deftigen Worten. Wir arbeiten hier sehr darauf bedacht, ihm keine Angriffsfläche zu bieten. Wie können wir das ändern?"

Lennard und Maria freuten sich über die offene Rückmeldung. „Lass uns gleich nächste Woche eine Retro machen, drei bis vier von den Gesellen, gemeinsam mit Klaus." „Ich lade euch ein, spreche vorab mit Klaus und moderiere für euch den Prozess", bot Maria an. Nach vier weiteren solcher Retrospektiven in anderen Abteilungen war sie voller Zuversicht, auch hier gemeinsam mit den Beteiligten ein neues Miteinander zu entwickeln. „Einfach nur darüber reden ... das soll helfen ...?", war der erste Kommentar von Pjotr gewesen. Maria gab mit ihrer Heiterkeit und ihrem Optimismus dem Zweifel nur wenig Raum: „Weißt du", sprach sie ihn mit verschmitztem Lächeln an, „wir wissen, dass Klaus sich seit Längerem mehr Mut und Initiative von den Gesellen wünscht. Es ist manchmal nicht einfach, etwas Neues zu beginnen, aber bei den anderen Retros hat es sehr geholfen, mit den ersten Erfolgen gegenseitige Einladungen auszusprechen. Wir haben gemeinsame Ziele, gemeinsame Werte ... also helfen wir einander und fordern uns gegenseitig, gemeinsam zu wachsen." Pjotr war nicht ganz so zuversichtlich wie Maria, organisierte aber zügig den Raum und den Termin für die erste Retrospektive in seiner Abteilung.

Wenn Ihr in Verantwortung für einen Kulturwandel steht, dann ist es elementar, es Führungskräften nicht durchgehen zu lassen, wenn sie die gewünschte Kultur nicht mittragen oder sich querstellen. Kultur ist der wichtigste Erfolgsfaktor für eine gelungene Bewältigung der Herausforderungen der Zukunft. Nehmt Ihr das ernst? Dann seid an dieser Stelle konsequent. Konsequentes und auch mehrmaliges Feedback an die betreffenden Führungskräfte ist das Mindeste, was es braucht. Aber dies bitte unter vier Augen, konstruktiv und wertschätzend!

Wenn Ihr Mitarbeiter einer solchen Führungskraft seid, kann es ebenso hilfreich sein, deutlich Feedback zu geben. Und wenn dies nicht fruchtet, möglicherweise die nächsthöhere Führungskraft anzusprechen bzw. die Abteilung, die den Veränderungsprozess verantwortet. Fair wäre es allerdings, diese Eskalation der betreffenden Führungskraft vorher anzukündigen. Hier ist Feingefühl genauso gefragt wie Mut.

Leichter ist es natürlich, wenn Ihr die Führungskraft der betreffenden Person seid. Einer unserer Klienten hat sogar das Erreichen der Kulturziele (respektvolles und achtsames Umgehen miteinander) in die gehaltsrelevanten Zielvereinbarungen der Führungsmannschaft übernommen. So wird der Ernst der

Sache deutlich. Und wenn dann jemand Hilfe benötigt, zum Beispiel in Form eines Coachings, sollte sie gewährt werden.

Doch seid Euch bewusst, grundsätzliche Themen sind manchmal nicht durch Einsicht oder Coaching veränderbar: Wer die tiefen Glaubenssätze hat, dass Menschen nur durch Schmerz lernen und Strafe das wesentliche Mittel der Menschenführung ist, könnte an der falschen Stelle sein, wenn Respekt, Kooperation und Wohlwollen Merkmale einer innovationsoffenen Kultur im Unternehmen sein sollen. Die Frage nach der Auswahl der richtigen Personen für die Führung des Unternehmens ist generell eine existenzielle für den Erfolg der Organisation. Nicht nur im Veränderungsprozess.

Botschafter halten nicht durch

Machen wir uns nichts vor: Botschafter sein kostet Zeit und es braucht Mut, Selbstbewusstsein und Engagement für die Sache. Das ist nichts, was man nebenbei oder ohne jede Überzeugung machen kann. Oft sind Botschafter anfangs noch sehr engagiert, knicken in der Konfrontation mit den zeitlichen Anforderungen oder den Widerständen ihrer Kollegen jedoch dann weg. Ihr merkt dies daran, wenn Dialoge nicht mehr stattfinden oder auch sonst keine Ergebnisse in einem Bereich erzielt werden, der Botschafter nicht mehr bei den Meetings auftaucht oder dort zwar anwesend ist, sich aber nicht mehr beteiligt.

Botschafter benötigen also Betreuung und Unterstützung. Regelmäßige Treffen, um die Motivation hochzuhalten, sind das eine, individuelle Ansprache und Unterstützung in schwierigen Situationen das andere. Manche genießen diesen persönlichen Entwicklungsprozess, den das Botschafterdasein mit sich bringt, für andere ist die Aufgabe jedoch einfach eine Nummer zu groß. Dann darf es auch in Ordnung sein, das Mandat zurückzugeben und Ersatz zu suchen.

Wichtig dabei ist, dass das Kernteam einen engen Kontakt zu den Botschaftern hält und mitbekommt, wie die Stimmung ist und ob jemand Hilfe braucht.

Schritt 10: Nachhaltigkeit sicherstellen: Aus der Party wird Alltag

Wir fragen häufig die Mitarbeitenden unserer Kunden zu Beginn des Prozesses, was ihnen in ihrer wertebasierten Transformation wichtig ist und worauf wir als Projektteam achten sollten. Die häufigsten Aussagen beziehen sich darauf, dass die Menschen auf einen nachhaltigen Prozess hoffen, der nicht – wie so viele andere Veränderungsprozesse auch – im Sande verläuft.

Ein nicht nachhaltig angelegter Veränderungsprozess ist schlimmer als gar keiner, denn er unterhöhlt das Vertrauen der Mitarbeitenden in die Führung. Am Ende steht die Führung in der Verantwortung.

Der Schlüssel zur Sicherstellung der Nachhaltigkeit eines Kulturwandels ist das Verständnis, dass Kultur kein einmaliges Projekt ist, sondern ein fortlaufender Prozess, der ständige Aufmerksamkeit und Pflege erfordert. Schon deshalb ist es bedeutsam, dass die Verantwortung für den Kulturwandel nicht bei einer Truppe von Beratern liegt, die dann irgendwann dem Unternehmen wieder den Rücken kehren, sondern dass die Verantwortung für die Kultur im Unternehmen verankert wird. Ein gutes Konzept dafür ist das Transformation Office.

Das Transformation Office (TO)

Die Idee des Transformation Office (TO) wurde von McKinsey & Company entwickelt, um damit die Erreichung der Zielsetzung von Veränderungsprozessen zu unterstützen. Ein TO steuert den Veränderungsprozess, behält den Überblick und stellt sicher, dass die Ziele erreicht werden.

„Wie bitte?“, wirst Du Dich fragen. „Das macht doch schon das Kernteam …“ Richtig! Das Kernteam ist der Vorläufer des Transformation Office. Und was ist dann der Unterschied? Zu Beginn des Prozesses, wenn alles anfängt, ist das Kernteam oft ein freiwilliger, zusammengewürfelter Haufen Menschen, oft auch inklusive einiger Berater.

Im Laufe der Zeit werden einige merken, dass die Arbeit nichts für sie ist oder dass sie keine Zeit für das Projekt haben. Andere werden dazukommen, weil sie sehen und spüren, dass sich etwas im Unternehmen entwickelt, das sie anzieht und von dem sie Teil sein wollen. Es wird sich auch herausstellen, dass die eine oder andere Person eine grundlegende Veränderung wahrnimmt und hauptberuflich die Kultur im Unternehmen voranbringen möchte. Ist der Kulturprozess von Wichtigkeit für das Unternehmen und ist das Unternehmen groß genug, so ist durchaus Kapazität für ein oder mehrere Vollzeitstellen vorhanden.

In unseren Prozessen gab es nach ungefähr einem Jahr oft den Bedarf, das Kernteam in etwas Langfristiges zu überführen. Ein Transformation Office wurde gebildet. Unser Ziel war es, uns als Berater überflüssig zu machen und die Verantwortung für den Kulturprozess vollständig in die Hände des

Unternehmens zu legen. Einen Ball kann man aber nur abgeben, wenn jemand ihn fängt, daher war der symbolische Akt, aus dem Kernteam ein TO zu machen, so wichtig. „Ab jetzt habt ihr vollständig die Verantwortung“, war die Botschaft an das Team des TO.

Uns ist bewusst, dass McKinsey das TO als ein temporäres Organ sieht, das für die Dauer der Transformation eingerichtet wird. Wir raten jedoch dringend, diesen temporären Ansatz zu überprüfen. Kultur ist etwas Lebendiges. Die Welt um uns herum entwickelt sich permanent, Kultur sollte sich regelmäßig mitentwickeln. Das Transformation Office hat die Aufgabe zu überprüfen, was das Unternehmen braucht.

Die Aufgaben des TO zusammengefasst:

Zielsetzung und Planung: Das TO ist der Navigator der Transformation. Es legt das Ziel fest, überlegt, wie man dorthin kommt. Natürlich kann es das nur, wenn es den Kontakt zur Umwelt, zu den Kunden und Lieferanten sowie den Mitarbeitenden hält. Letzteres kann zum Beispiel durch regelmäßiges Tracking der Kultur mit dem Werteprofil oder durch regelmäßige Mitarbeiterbefragungen erfolgen. In einer VUCA-Welt, in der wir nur „auf Sicht steuern“ können, bedarf die Richtung der Transformation immer wieder einer Überprüfung und gegebenenfalls Korrektur.

Nachhalten und Bericht erstatten: Das TO ist verantwortlich, geplante Maßnahmen und Projekte nachzuhalten und so den Fortschritt der Transformation zu überprüfen. Es stellt sicher, dass die verschiedenen Projekte und Initiativen auf dem richtigen Weg sind, und berichtet regelmäßig an die Führungskräfte des Unternehmens. Schon allein um die Motivation aufrechtzuerhalten, ist es entscheidend, dass Maßnahmen, die vereinbart wurden, auch umgesetzt werden. Deshalb ist diese Funktion so wichtig.

Kommunikation und Engagement: „Tue Gutes und rede drüber.“ Das TO sorgt dafür, dass im Unternehmen und auch außerhalb über die Transformation berichtet wird. Dies hilft, das Engagement der Mitarbeiter und anderer Stakeholder zu fördern und Widerstände zu managen. Andersherum hat das TO auch sein Ohr an der Schiene, die TO-Mitglieder hören hin und zu, nehmen Feedback auf und sorgen dafür, dass jeder das Gefühl hat, verstanden zu werden.

Problemmanagement und Entscheidungsfindung: Wenn Hindernisse auftreten oder Fragen zu entscheiden sind, arbeitet das TO mit dem Sponsor bzw. der Unternehmensleitung zusammen, um Lösungen zu finden. Es treibt

Entscheidungen im Laufe der Transformation voran, identifiziert potenzielle Probleme und entwickelt Konzepte, um weiterzukommen.

Kompetenzaufbau: Last but not least sorgt das TO dafür, dass die Mannschaft die erforderlichen Fähigkeiten und das notwendige Wissen hat, um die Aufgaben im Rahmen der Transformation zu erfüllen. Es leitet und fördert Best Practices, um alle Mitarbeitenden für die Reise zu stärken. Nicht zuletzt zielen persönlich entwickelte Kompetenzen bei den Kolleginnen und Kollegen im TO auf Wirksamkeit der gemeinsam beschlossenen Initiative: Hier ist auch der Führungskraft ein Gegenüber zu bieten, der oder die souverän und kompetent Ansichten und Vorschläge vorbringt und klar Position bezieht. Gelassener und souveräner Umgang mit Führungskräften kann als Bewährungsprobe für die eigenen Fortschritte den Maßstab bieten.

Nachdem nun schon viele Workshops, Retrospektiven und auch Design-Sprints stattgefunden hatten, war es an der Zeit, auch eine formale Struktur zu schaffen, um mit dem Schwung des Beginns die dauerhafte und stetige positive Entwicklung in Bewegung zu halten. Die vielfältigen Arbeitsgruppen zur Umsetzung der Leitsätze, das Entwicklungsprogramm für die Führungskräfte und den Nachwuchs sowie die neuen Kooperationen mit Kunden und Partnern aus der Region brauchten eine Struktur, um koordiniert und weiterhin mit guter Qualität die gemeinsamen Ziele zu erreichen. Maria freute sich, ihre Assistenzstelle an Fiona zu übergeben, die inzwischen ihre Ausbildung mit Bravour abgeschlossen hatte. Mit Martha hatte sie beschlossen, gemeinsam neue Dynamik in die HR-Abteilung zu bringen und das Transformation Office für zwei Jahre dort fest anzuhängen. „HR-Referentin und Managerin des Transformation Office, was für eine Entwicklung ... Ich freue mich, jetzt auch noch im Fernstudium etwas mehr über die Theorie hinter dem Ganzen zu lernen. Martha, danke, dass ihr mir die Chance gebt, mich hier so einzubringen." Martha brachte es für Lennard und Lina auf den Punkt: „Weißt du, Fiona, 20 Jahre habe ich in der Personalabteilung die Dinge nur verwaltet, ich danke DIR, nun endlich mit deiner Energie auch Neues zu gestalten!"

7. DIE FÜHRUNGSKRAFT ALS TRANSFORMATIONSMANAGER

Führungskraft oder Managerin? Beides!

Den gesamten Verantwortungsbereich in einem solchen Prozess im Blick zu halten und unterstützend einzugreifen, ist, wie einen Sack Flöhe zu hüten. Wenn wir mit der These arbeiten, dass die direkte Steuerung der Kulturentwicklung nur schwerlich möglich ist, dann stellt sich die Frage, wie Du als Führungskraft Deine Rolle verstehst und lebst, um wirksam zu sein. Welche Konsequenzen leitest Du für Dich persönlich aus dem bisher in der Transformation Erarbeiteten ab?

Den Begriff „Werteorientierung“ haben wir ausführlich erläutert, auch die besondere Rolle der Führungskräfte. Wenn Du nun als Führungskraft mit Tatendrang loslegen möchtest, dann empfehlen wir Dir, die eigene Rolle, Dein eigenes Verständnis des Begriffs „Führung“ zu hinterfragen. Hinterfragen meint nicht, das bisher Getane und Geleistete infrage zu stellen, sondern das zukünftige Verhalten auf den Prüfstand zu stellen mit der Fragestellung: „Was ist mein Beitrag als Führungskraft und was unterscheidet diesen von meiner bisherigen Vorgehensweise? Wie schaffe und lebe ich gemeinsam mit meinen Mitarbeitenden eine Kultur, die das gemeinsam Definierte in eine passende Übersetzung auf der Teamebene sicherstellt?“

Die definierten Werte liefern hier für alles Weitere den Rahmen, dürfen aber gleichzeitig nicht als Fetisch dienen. Für Dich als Führungskraft bedeutet dies eher Erleichterung statt mehr Arbeit. Gelingen wird Dir das, wenn Du Deine Rolle weiterentwickelst. Denn wie könnte eine Transformation im Unternehmen funktionieren, ohne dass die beteiligten Menschen das Verständnis ihrer eigenen Rolle hinterfragen und neue Ideen dazu entwickeln?

Wir nutzen gerne den Begriff der Transformationsmanagerin, um ein anderes Verständnis der Rolle von Führungskräften zu veranschaulichen. Der Begriff allein macht noch nicht den Unterschied, deutet jedoch an, dass wir den häufig schon vollzogenen Wechsel von „transaktionaler Führung“ zu „transformationaler Führung“ für eine wichtige Voraussetzung halten.

Transaktionale Führung legt den Fokus auf Effizienz und Zielerreichung durch klare Erwartungen und Regeln. Diesen direktiven Führungsstil kennzeichnet ein hohes Maß an externen Anreizen: „Leistest Du, so wirst Du belohnt, erfüllst Du die Anforderungen nicht, ist ‚Bestrafung' die Folge." Die Aufgabenerfüllung steht hier im Fokus. Was nicht direkt diesen Zweck unterstützt, wird infrage gestellt oder ignoriert. Wirksam in Veränderungsprozessen ist diese Art zu führen speziell im roten, blauen und orangen Mem.

Transformationale Führung hingegen nutzt und fördert intrinsische Motivation durch Inspiration und ein gemeinsames Verständnis für die höhere Bedeutung der Arbeit. Die Frage nach dem „Sinn" der individuellen Tätigkeiten ist hier beantwortet. Persönliche Weiterentwicklung, Kreativität und eine positive Arbeitskultur sind angestrebte Qualitäten, die als Voraussetzung für die individuelle und kollektive Aufgabenerfüllung gelten. Wirksam in Veränderungsprozessen ist diese Art zu führen speziell im orangenen, grünen und gelben Mem.

Transformationale Führungskräfte sind Vorbilder, die Vertrauen aufbauen und emotionale Bindungen herstellen. Ihr Fokus liegt auf langfristiger Veränderung und organisatorischem Wandel im Gegensatz zu kurzfristigen Zielen der transaktionalen Führung.

Beide Konzepte der Führung können allerdings, wie beschrieben, passend und damit in einer wertebasierten Transformation wirksam sein: „It's the context, stupid!"

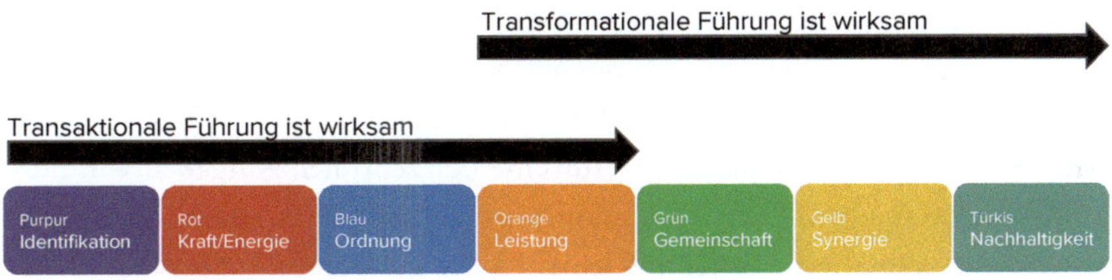

Abb. 21: Schieberegler der Führung im Veränderungsprozess

Wenn Du den Titel des Kapitels liest, dann mag das nach kompletter Überforderung klingen. Doch bedenke: Führung und Management sind zwei verwandte, aber dennoch unterschiedliche Konzepte, die in Bezug auf die Organisation und Leitung von Menschen in Unternehmen oder anderen Organisationen verwendet werden. Obwohl sie oft synonym benutzt werden, gibt es hier wichtige Unterschiede.

Während Du als Führungskraft nah bei den Menschen bist und, je nach Mem, auf die jeweils notwendige Art positiv beeinflusst, ja vielleicht sogar inspirierst, braucht es ein anderes Verhaltenskonzept, um die Transformation zu „managen". Wir verstehen den Begriff des „Managements" hier als die Summe aller Tätigkeiten, die aktiv für Klarheit und Überblick bei den Themen Ressourcen, Termine und Erreichtes sorgt. Als Führungskraft wirbst Du hingegen für die Beteiligung am Gesamtprozess auf die Weise, wie wir es weiter oben beschrieben haben. Du gehst auf Menschen zu und gibst Orientierung, was die Beteiligung als Botschafterin konkret für Chancen, aber auch Risiken mit sich bringt. Während Du als Managerin im Blick behältst und steuerst, wie Aufgaben des Tagesgeschäfts mit den zusätzlichen Aufgaben einer Botschafterin harmonieren. Zur Steuerung der Ressourcen gehört es auch, Zielkonflikte zu erkennen, zu analysieren und Ideen zu entwickeln, wie diese aufgelöst werden können. Während Du als Managerin mehr am als im „System" arbeitest, stellt sich das für Dich als Führungskraft genau andersherum dar.

Wenn Dir die beiden Rollen Führung und Management sowie deren Unterschiede bekannt und von Dir gelebt sind, unterschätze bitte nicht, wie wichtig die Trennung der beiden Rollen im Tagesgeschäft sein wird. Du bist und bleibst selbstverständlich eine Person. Trotzdem wird Dein Umfeld von Dir erwarten, dass Du beide Rollen lebst und die dazugehörigen Aufgaben meisterst.

Die Verantwortung bleibt bei Dir

Wir erinnern uns: „Ich kann und möchte, gemeinsam mit anderen, Dinge zum Besseren verändern. Weil das so ist, mache ich es zu meiner Aufgabe." Diese Einstellung vorzuleben, halten wir für eine der zentralen Aufgaben von Führungskräften in einem Transformationsprozess. In stark hierarchischen Organisationen bleibt diese Einstellung leider häufig ein frommer Wunsch.

Deshalb stell Dir bitte zwei Fragen:

Wie muss ich als Managerin „am System" arbeiten, um die Voraussetzungen und Rahmenbedingungen zu schaffen, damit Menschen, die „im System" arbeiten, dies eigenverantwortlich tun können?

Wie muss ich als Führungskraft „im System" arbeiten, damit Menschen Lust und Zuversicht entwickeln, eigenverantwortlich zu handeln?

Wenn Du mit dem oben beschriebenen „Botschaftermodell" arbeitest, sei Dir bewusst: Die Verantwortung für die erzielten Ergebnisse in Deinem Bereich bleibt bei Dir. Diese Verantwortung kann nicht an die Botschafter delegiert werden. Auch wenn Botschafter-Aktivitäten parallel zu den üblichen

Linienaufgaben durchgeführt werden, bleibt eine Botschafterin Deine Mitarbeitende und Du ihre Führungskraft.

Als Transformationsmanagerin ist es weiterhin Deine Aufgabe, für entsprechende Ressourcen und ein Kooperationsmodell zu sorgen, das eigenverantwortliches Handeln erleichtert und zum Modus Operandi des Unternehmens passt. Kurze Abstimmungen mit Deinen internen Partnern und Vorgesetzten sollten Tagesgeschäft sein.

Die Begrifflichkeiten „Führungskraft" und „Managerin" dürfen unterwegs gerne in Vergessenheit geraten, solange Du die Verantwortlichkeiten beider Rollen lebst.

Führungskräfte, die eher eine Expertenrolle („Primus inter Pares") leben, die auf inhaltlich-fachliche Kompetenz bauen, um Orientierung zu geben, scheitern in solchen Situationen regelmäßig, wenn sie nicht bereit sind, ihr eigenes Modell von Führung zu überdenken.

Wie soll ich das alles schaffen? Das „Fence-Sitter-Modell"

Das sind Dir zu viele Verantwortlichkeiten? Dann überprüfe bitte Dein eigenes Verständnis des Begriffs „Verantwortung". Verantwortlich zu sein heißt nicht, „es" allein machen zu müssen. Du wirst Verbündete brauchen und finden. Doch dazu solltest Du Deine Energie vernünftig einsetzen. Wenn Du mit der Werbetrommel durch das Unternehmen läufst und Dich dann auf ein Podest stellst, um eine motivierende Rede an die Kollegen zu halten, wirst Du auf unterschiedliche Reaktionen stoßen. Wir unterscheiden hier gerne drei typische Reaktionen anhand des sogenannten Fence-Sitter-Modells:

Abb. 22: Das Fence-Sitter-Modell

Rechts vom Zaun: Menschen, die schnell interessiert oder gar begeistert sind, die sogenannten Fast Follower. Präsentierst Du eine Idee, beschreibst inspirierend, zu welcher Reise Du sie einladen willst: Hier siehst Du Menschen, die schnell ein Strahlen in den Augen haben. Sie akzeptieren das „Problem Statement“ und sind neugierig, Teil einer Lösung zu sein. Veränderung wird als notwendig erkannt. Aufkommende Fragen beginnen hier häufig mit „Wie können wir …?“

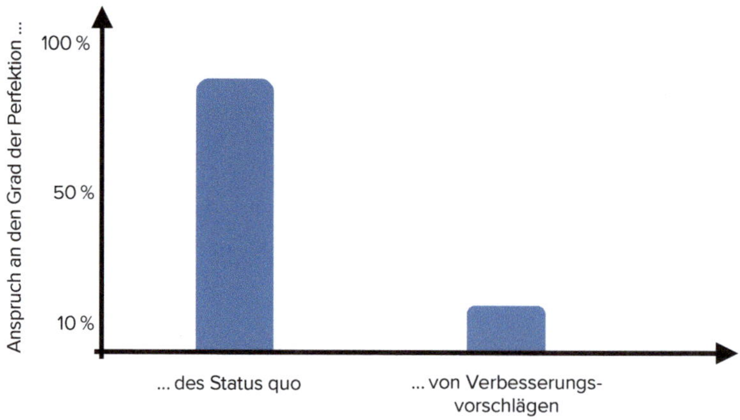

Abb. 23: Erwartungen der Veränderer an die Perfektion: Veränderer haben hohe Erwartungen an den Status quo, es wird jedoch ein geringer Perfektionsgrad erwartet, was Verbesserungsvorschläge angeht, um diese zu akzeptieren.

Auf dem Zaun „sitzen“ in dieser Metapher die Menschen, die in einer neutralen Haltung abwarten und schauen, was passiert. Widerstand ist hier zunächst nicht zu erwarten, aber auch keine Begeisterung für „das Neue“. Aufkommende Fragen beziehen sich hier häufig auf die Notwendigkeit für die anstehende Veränderung.

Links vom Zaun befinden sich Menschen, die einen starken Impuls verspüren zu bewahren, egal um welche Neuerung es geht. Das „Problem Statement“ als solches wird hier gerne negiert oder als nicht im eigenen Einflussbereich verstanden. Je nach Ansprache und individuell ausgeprägter Verlustangst ist hier deutlicher Widerstand zu erwarten.

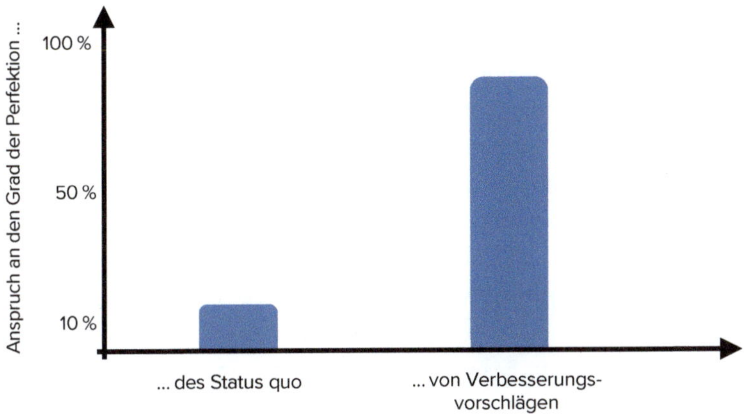

Abb. 24: Erwartungen der Bewahrer an die Perfektion: Bewahrer akzeptieren leicht den Status quo, weil er aus ihrer Sicht nur schwer zu ändern ist, gleichzeitig haben sie hohe Erwartungen an den Perfektionsgrad eines Verbesserungsvorschlags, damit sie ihn akzeptieren können.

Natürlich sind die Schwächen dieses Modells offensichtlich. Menschen in Deinem Verantwortungsbereich in diese drei Gruppen einzuteilen, ist generalisierend und stark vereinfachend. Und auf einem Zaun sitzt schon mal gar niemand in Deiner Organisation.

Wir betrachten dieses Modell dennoch als hilfreich, weil es dabei unterstützen kann, effizient mit Deinen persönlichen Ressourcen umzugehen. Selbstverständlich brauchst Du als Führungskraft eine sogenannte kritische Masse, um gemeinsam mit Deiner Mannschaft vorangehen zu können. Doch auf welche Gruppe konzentrierst Du Dich, um ebendiese kritische Masse zu erreichen?

Die scheinbar logische Antwort lautet: „Natürlich auf die Bewahrer, also die links vom Zaun. Ich brauche diese Menschen ja rechts vom Zaun." Führungskräfte, die so vorgehen, sind über längere Zeit damit beschäftigt, sich mit Widerständen auseinanderzusetzen, ohne einen Fortschritt zu erzielen. Menschen „auf dem Zaun" lernen: „Wenn ich der Idee kritisch gegenüberstehe, erhalte ich Aufmerksamkeit und bin Teil des Meinungsbildungsprozesses." Der immer wieder zu beobachtende Effekt ist eine wachsende Gruppe der Bewahrer. Darüber hinaus verlieren die „Fast Follower" ihre anfängliche Begeisterung und, um in der Metapher zu bleiben, wechseln auf den Zaun: Sie beobachten genau, was als Nächstes passiert. Vielleicht kennst Du diesen Effekt: Nach einer anfänglichen kurzen Begeisterung ist plötzlich die Luft raus.

Unsere Empfehlung lautet deshalb: Konzentriere Dich zunächst auf die „Fast Follower" und achte nur auf diejenigen Bewahrer, die aktiv hintertreiben oder sogar boykottieren. Hier muss klar, wenn nötig mit disziplinarischen Maßnahmen, reagiert werden.

Wenn Du Dich auf die „Fast Follower" konzentrierst, erzielst Du einen „Sogeffekt" bei den Menschen, die „auf dem Zaun sitzen". Wenn es in Besprechungen um die Frage „Wie kann es uns gelingen?" geht, schauen die Menschen in die Zukunft und lassen sich vielleicht für die Idee entzünden.

Stehen jedoch die Bewahrer im Zentrum der Aufmerksamkeit, lädst Du die „Zaunsitzer" ein, sich in Besprechungen mit der Frage zu beschäftigen, warum es schwierig, sogar unmöglich scheint, die nötige Veränderung herbeizuführen. Auch dies stellt natürlich einen „Sogeffekt" dar, aber leider in die „falsche" Richtung.

Selbstverständlich geht es hier um eine vernünftige Balancierung, die grundsätzliche Orientierung sollte aber klar sein.

Inzwischen waren die Veränderungen zum Positiven zu einer neuen Dynamik, zu einem neuen Selbstverständnis der Teams und des Unternehmens geworden. Die neuen Partnerschaften in der Region, das Zusammenwachsen mit Bamberg und die neue Produktpalette hatten auch im Umfeld zu großem Interesse an dem gewählten Weg der Veränderung geführt. Nur in einem Bereich schien das Ganze nicht so rund zu laufen: Die SkySolar Solutions schien sichtlich zu fremdeln mit einem kooperativen Führungsstil. „Den Jungs an der Rampe und in den Lkws ist das alles zu viel Geschmuse", berichtete Fiona. „Lasst uns mal einen Blick auf deren Werteprofil werfen und dann schauen, welchen Stil, welche Ansprache sie denn von ihrer Führungskraft brauchen. Vielleicht müssen bei ihnen andere Karten ausgespielt werden, die dennoch im Rahmen unserer gemeinsamen Werte liegen."

Die Leitlinien lassen da Spielraum, und eine Herde Zebras wird wohl auch anders geführt als ein Bienenstock ...

Mit dem Blick auf das Profil der Gruppe entwickelte Lina folgende Gedanken: „Im ersten Schritt braucht dieses Team eine nicht zu weich gekochte Führungskraft. Viel Wertschätzung fachlicher Expertise und enger Zusammenhalt in der Mannschaft kann da Mut machen, dieses Team auf einen gemeinsamen Weg mit uns zu bringen ... Die brauchen Klarheit und Zusammenhalt."

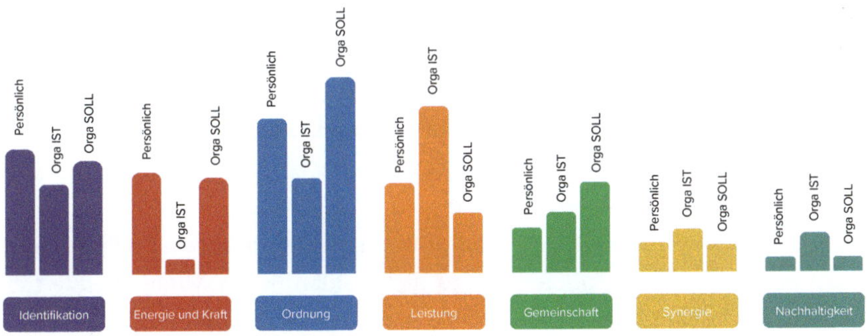

Abb. 25: Das Werteprofil der Logistik

Graves in Bezug auf Führung

Führung im Stil der einzelnen Meme

Einzelne Menschen und auch Gruppen sind natürlich weder purpur noch rot noch blau. Um aber die Essenz der einzelnen Meme herauszuschälen, kann es sinnvoll sein, hier einmal Prototypen herauszuarbeiten. Dazu formieren wir also jeweils eine Persona (also den Prototyp einer Person) mit den sichtbaren Merkmalen aus jeweils nur einem der Meme. Lasst uns doch einmal einen Blick darauf werfen, wie Führung in Reinkultur der einzelnen Meme ausschauen würde:

Paola Purpur

Paola Purpur ist eine erfahrene Führungskraft, die traditionelle Werte und Sicherheit sehr schätzt. Als Kind wuchs sie in einer Familie auf, die stark von einem patriarchalischen Vater geprägt war, der das Sagen hatte und von allen respektiert wurde. Diese Struktur hat Paola in ihrem Leben geprägt und sie empfindet Geborgenheit, wenn sie in ähnlichen Strukturen arbeitet. Sie gibt auch Geborgenheit, die sie in der gemeinsamen Zugehörigkeit zum Traditionsunternehmen begründet. Ihre Führung ist unbedingt und nicht zu hinterfragen. Wer im Unternehmen ist und bleiben will, akzeptiert das – ohne es je zu thematisieren.

Was Paola Purpur achtet oder liebt:

Paola achtet darauf, dass in ihrem Unternehmen klar ist, wer das Sagen hat, und jeder seinen Platz kennt. Sie schätzt es, wenn Mitarbeitende Respekt gegenüber den Erfahrenen zeigen und sich nicht übermäßig hervortun. Sie liebt es, wenn alle an einem Strang ziehen und sich als Teil eines Ganzen fühlen.

Was Paola Purpur ächtet oder hasst:

Paola hasst es, wenn die Hierarchien und Strukturen in ihrem Unternehmen nicht eingehalten werden. Sie kann es nicht leiden, wenn Mitarbeitende sich übermäßig selbstbewusst geben oder gar dem Oberhaupt widersprechen. Unruhe und Unsicherheit sind für sie No-Gos. Sie lehnt Veränderungen ab, die ihre Sicherheit bedrohen, und fühlt sich unwohl in Situationen, in denen sie die Kontrolle verliert. Auch wenn ihr Unternehmen erfolgreich ist, steht sie Innovationen und neuen Ideen skeptisch gegenüber, die die Traditionen und bewährten Strukturen ihres Unternehmens gefährden könnten.

Womit Mitarbeitende bei Paola Purpur rechnen können:

Mitarbeitende können sich bei Paola Purpur darauf verlassen, dass Führung klar gelebt und nicht zum Thema gemacht wird. Sie verkörpert die führende Rolle und zeigt dies auch durch wiederholte Rituale. Paola vermittelt durch ihr Auftreten Sicherheit und Gewissheit. Traditionen sind bedeutsam für ein stabiles Miteinander. Kolleginnen und Kollegen wissen genau, wofür sie stehen und in welcher Gemeinschaft sie zu Hause sind. Paola ist eine erfahrene Führungskraft, die weiß, wie sie ein Team motivieren und zusammenhalten kann. Sie ist eine gute Zuhörerin und nimmt sich Zeit für ihre Mitarbeitenden, um deren Sorgen und Bedürfnisse zu verstehen. Sie legt Wert auf Loyalität und Engagement und belohnt dies mit Anerkennung und Respekt. Entscheidungen werden intuitiv und mit unbedingter Überzeugung gefällt.

Wofür Paola Purpur manchmal gefürchtet wird:
Paola Purpur wird manchmal dafür gefürchtet, dass sie Veränderungen ablehnt und Innovationen misstraut. Sie kann auch als autoritär wahrgenommen werden, da sie eine klare Hierarchie bevorzugt und kaum Raum für Diskussionen lässt. Entscheidungen fällt sie häufig intuitiv. Manche Mitarbeitende mögen sich unterdrückt fühlen oder das Gefühl haben, dass ihre Ideen nicht gehört werden. Viele ihrer Mitarbeitenden schätzen dennoch Paolas Führungsstil, da er für Sicherheit und Stabilität sorgt und sie sich als Teil eines Ganzen fühlen können. Wer sie oder ihr Vorgehen kritisiert, wird die Gemeinschaft verlassen müssen.

Roberto Rot

Roberto Rot ist ein Mann mit einem starken Willen und großer Energie. Er vertraut auf sich selbst und sorgt für klare Verhältnisse, in denen er den höchsten Status innehat. Er verkörpert eine Führungskultur, in der Dominanz und Kompromisslosigkeit die Richtung vorgeben. Ein „Mann der Tat", der nach der Maxime „Teile und herrsche" handelt. Er treibt mit unbedingtem Willen eigene Vorhaben voran, fordert dabei unbedingte Gefolgschaft ein und attackiert jeden, der ihm im Wege steht.

Was Roberto Rot achtet oder liebt:
Roberto liebt es, sich Herausforderungen zu stellen und Ziele zu erreichen. Sein Fokus liegt dabei auf Macht und Kontrolle. Er achtet darauf, dass er der Stärkere ist, und lässt sich von niemandem etwas vorschreiben. Er ist ein Anführertyp und übernimmt gerne Verantwortung. Dabei schätzt er Loyalität und Durchsetzungsvermögen bei seinen Mitarbeitenden.

Was er ächtet oder hasst:
Roberto Rot verabscheut Schwäche und Unterlegenheit. Er hasst es, von anderen bevormundet oder kontrolliert zu werden, und reagiert darauf mit Aggression. Er kann impulsiv werden, wenn er das Gefühl hat, dass seine Autorität infrage gestellt wird. Dabei zeigt er wenig Mitgefühl und kann rücksichtslos

sein, um seine Ziele zu erreichen. Er verabscheut auch Regelungen, die ihn einschränken oder seine Macht begrenzen könnten.

Womit Mitarbeitende bei ihm rechnen können:
Wer für Roberto Rot arbeitet, sollte sich bewusst sein, dass er ein starker Chef ist, der hohe Ansprüche hat. Er erwartet von seinen Mitarbeitenden Loyalität und ein hohes Maß an Einsatzbereitschaft. Gleichzeitig fördert er auch diejenigen, die ihm loyal und treu ergeben sind. Seine Mitarbeitenden sollten sich auf eine unmittelbare, direkte und manchmal auch konfrontative Kommunikation einstellen. Doch wer seine Erwartungen erfüllt, kann auf Anerkennung und Wertschätzung von ihm zählen.

Wofür er manchmal gefürchtet wird:
Roberto Rots Zielstrebigkeit und seine rücksichtslose Art können bei seinen Mitarbeitenden Angst und Unsicherheit auslösen. Viele Menschen empfinden ihn als zu dominant und einschüchternd. Wer sich ihm entgegenstellt, wird Konsequenzen zu spüren bekommen. Sein aggressives Verhalten und seine Impulsivität machen ihn zu einer unberechenbaren Persönlichkeit. Seine Orientierung auf Macht und seine Fähigkeit, Dinge zu bewegen, sorgen dafür, dass er von vielen gefürchtet, aber auch respektiert wird. Er hat ein Charisma, das ihm erlaubt, Menschen zu beeindrucken und zu motivieren, auch wenn er dabei vorwiegend seine eigene Agenda verfolgt.

Berta Blau

Berta Blau ist eine Person, die aus vorbildlicher Administration, festgeschriebenen Regeln und Abläufen ihre Sicherheit schöpft. Ordnung und Planbarkeit sind für sie nicht eine Folge, sondern die Grundlage für Disziplin und legitime Autorität. Religion spielt eine wichtige Rolle in ihrem Leben; streng und unerbittlich weiß sie zwischen „Richtig“ und „Falsch“ zu unterscheiden und sorgt für Klarheit in diese Richtung.

Was sie achtet oder liebt:
Berta Blau achtet auf Regeln und Vorgaben, kontrolliert diese und hält sich strikt an sie. Sie bietet ein zuverlässiges Gegenüber, bei der man weiß, woran man ist. Sachverstand und Kalkulierbarkeit stellen für Berta Blau das Zentrum professionellen Handelns dar.

Sie ist davon überzeugt, dass die Einhaltung von Regeln und Ordnung das Fundament für eine erfolgreiche Organisation bildet. Sie liebt es, wenn alles in geordneten Bahnen verläuft und jede und jeder seinen Platz hat. Gerechtigkeit ist für sie direkt ableitbar aus den gegebenen Prinzipien und Regeln der Organisation. Diese sind nicht zu hinterfragen.

Was sie ächtet oder hasst:
Berta Blau hat eine Abneigung gegenüber Regelbrüchen und Unordnung. Alles, was ihre geordnete Welt aus den Fugen geraten lässt, bereitet ihr Unbehagen. Auch Unzuverlässigkeit und Planungschaos kann sie nicht ausstehen. Fehler oder Abweichungen von den Vorgaben sind für sie kaum verzeihlich. Neuerungen steht sie bestenfalls skeptisch gegenüber, sie sorgt aktiv dafür, die Zukunft als eine kalkulierbare Folge der Gegenwart erscheinen zu lassen.

Womit Mitarbeitende bei ihr rechnen können:
Mitarbeitende bei Berta Blau können damit rechnen, dass sie stets klare Vorgaben und Anweisungen erhalten. Sie erwartet von ihnen, dass sie diese ohne Widerspruch oder Verzögerung umsetzen. Wer sich nicht an die Regeln hält oder Unordnung verursacht, muss mit deutlichen Konsequenzen rechnen. Ihr Anspruch ist, Dinge fehlerfrei, korrekt, genau und entsprechend den Regeln zu organisieren. Administrative Details sind für Berta Blau selbstverständlich. Mitarbeitende bekommen eine klare Orientierung und Sicherheit, was wahr und was unwahr, was richtig und was falsch ist.

Wofür sie manchmal gefürchtet wird:
Berta Blau wird manchmal gefürchtet, weil sie sehr rigide an ihren Vorstellungen von Ordnung und Struktur festhält. Mitarbeitende, die nicht in ihr starres System passen oder die Vorschriften hinterfragen, stoßen bei ihr auf wenig Verständnis. Dadurch kann es passieren, dass sie von anderen als unzugänglich oder schwer zu erreichen wahrgenommen wird. Sie ist auch nicht immer bereit, alternative Herangehensweisen oder Perspektiven zu berücksichtigen, was dazu führen kann, dass sie als unflexibel oder stur angesehen wird.

Omar Orange

Omar Orange ist ein erfolgreicher Geschäftsmann, der seit vielen Jahren in der IT-Branche tätig ist. Er hat in seinem Leben viel erreicht und gilt als hartnäckiger Verhandler und entscheidungsfreudiger Unternehmer. Erfolg ist sein Maßstab und Lebenselixier, Leistung und Vorankommen sind Begriffe, die seine Identität bestimmen. „Wer leistet, ist wertvoll" ist seine Maxime, Misserfolge sind nicht akzeptabel und bedrohen ihn als gesamte Person.

Was er achtet oder liebt:
Omar Orange achtet sehr auf Effizienz und Leistung. Er erwartet von seinen Mitarbeitenden Einsatz und dass sie ihre Arbeit schnell und erfolgreich erledigen. Dabei legt er großen Wert auf Qualität, Resultate und den kurzfristigen Erfolg. Auch das Streben nach Innovation und die Entwicklung neuer Technologien sind für ihn wichtige Faktoren, um im Wettbewerb bestehen zu können. Als Geschäftsmann liebt er es, Ziele zu setzen und diese mit hoher Geschwindigkeit zu erreichen. Widerstände und Hindernisse sind für ihn nur „dornige Chancen". Er ist sehr erfolgsorientiert und legt großen Wert auf Anerkennung und finanzielle Belohnungen. Wer leistet, darf das auch zeigen und den eigenen Erfolg auskosten und darauf stolz sein.

Was er ächtet oder hasst:
Omar Orange verabscheut ineffiziente Arbeitsweisen und mangelnde Motivation. Auch unzureichende Kreativität und ein Fehlen von Ideen sind für ihn ein großes Ärgernis. Dabei ist er sehr direkt und gibt seine Meinung klar und deutlich zu erkennen. Unpünktlichkeit und ein unzuverlässiges Verhalten sind für ihn absolute No-Gos. Zudem hasst er es, wenn Menschen zu viel Zeit damit verschwenden, über Dinge zu reden, ohne konkrete Handlungen in Gang zu setzen. In seiner Wahrnehmung ist dies Zeitverschwendung und zeugt von fehlendem Fokus.

Womit Mitarbeitende bei ihm rechnen können:
Mitarbeitende bei Omar Orange können damit rechnen, dass sie klare und eindeutige Ziele gesetzt bekommen. Mit viel Dynamik gibt er ihnen alle notwendigen Ressourcen und die Unterstützung, die sie benötigen, um ihre Arbeit effektiv zu erledigen. Dabei erwartet er aber auch, dass sie selbstständig arbeiten und Verantwortung übernehmen. Leistung wird belohnt und diese Logik bestimmt sein Handeln und sein Denken.

Wofür er manchmal gefürchtet wird:
Omar Orange kann manchmal sehr fordernd und hart sein. Er erwartet viel von seinen Mitarbeitenden und zeigt sich ungeduldig, wenn Ergebnisse nicht schnell genug erzielt werden. Dabei kann er auch mal den Ton verschärfen und unangenehm werden. Das kann bei manchen Mitarbeitenden für Furcht und Unsicherheit sorgen. Zudem hat er einen klaren Blick für ineffektive Arbeitsweisen und scheut sich nicht davor, notwendige Veränderungen durchzusetzen. Das kann bei einigen Mitarbeitende Unbehagen und Sorge um ihre Position auslösen.

Gerda Grün

Gerda Grün wurde von dem Glauben an Fairness, Konsens und Teamorientierung geprägt. Sie ist eine entschiedene Befürworterin von Zusammenarbeit auf Augenhöhe, sozialer Gerechtigkeit und einer besseren Welt. Ökologie ist ein wesentlicher Teil dessen, worum sie sich sorgt. Aus Gemeinschaft und Verbundenheit schöpft sie ihre Kraft und Gewissheit. Gemeinsam etwas zu schaffen, ist ihr wichtiger als persönliche Erfolge.

Was sie achtet oder liebt:
Gerda Grün schätzt Fairness, Konsens und Teamorientierung. Sie glaubt, dass nur im Team die besten Lösungen entstehen. Die Meinungen und Bedürfnisse jedes Einzelnen sind für sie gleichermaßen wichtig und jeder Mensch wird mit seinen Stärken und Eigenarten geschätzt. Gerda Grün liebt es, wenn Menschen zusammenarbeiten, um gemeinsam etwas zu erreichen. Sie lebt sehr umweltbewusst, kauft – wo immer es geht – nur Dinge aus ökologischem Landbau und wünscht sich, dass jeder Mensch das täte. Neben der Arbeit ist sie im Naturschutzbund engagiert. Zumindest vegetarisch zu leben, ist für sie ein Anspruch.

Was sie ächtet oder hasst:
Gerda Grün hat eine Abneigung gegen Wettbewerb und Hierarchie. Sie lehnt es ab, wenn einzelne Personen bevorzugt und andere vernachlässigt werden. Gerda Grün hasst es, wenn Menschen egoistisch handeln und nur an sich denken, ohne Rücksicht auf andere zu nehmen. Auch beim Thema Ernährung ist sie sehr sensibel: Fleisch auf dem Teller in ihrer Nähe wird mehr und mehr ein Problem für sie.

Womit Mitarbeitende bei ihr rechnen können:
Mitarbeitende können bei Gerda Grün mit einer Teamplayerin rechnen, die auf Zusammenarbeit setzt. Die Atmosphäre am Arbeitsplatz ist von Miteinander, Rücksichtnahme und Hilfsbereitschaft geprägt. Gerda Grün befürwortet eine offene Kommunikation, in der die Meinungen jedes Einzelnen respektiert werden, wenn dadurch die Harmonie nicht gestört wird. Mitarbeitende können auch davon ausgehen, dass Gerda Grün sich für das Gemeinsame einsetzt und zu allen fair ist.

Wofür sie manchmal gefürchtet wird:
Gerda Grün wird manchmal für ihre Langsamkeit und fehlende Entscheidungsfreudigkeit gefürchtet. Ihr Wunsch nach Konsens und Zusammenarbeit kann dazu führen, dass Entscheidungen lange diskutiert werden, bis schließlich Einigkeit herrscht. In einer schnelllebigen Welt, in der Veränderungen permanent sind, kann dieser Prozess als hinderlich empfunden werden. Mitarbeitende, die ihre Individualität ausdrücken möchten, können Gerda Grün verstören. Wer klare Führung erwartet, muss häufig warten. Meinungsstark ist Gerda Grün in jedem Fall, wer nicht auf ihrer Wellenlänge ist, kann sich zumindest auf ausdauernde Diskussionen vorbereiten.

Gérard Gelb

Gérard Gelb legt den Fokus darauf, in einer schnelllebigen und unvorhersehbaren Welt für jede Situation die beste Lösung zu finden. Synergie ist seine Leitorientierung, die er für persönliche Beziehungen und für Zusammenarbeit fordert und fördert. Seine Beziehungen sind vielfältig, aber nicht immer dauerhaft und verbindlich. Er liebt es zu reisen, und hat einen weitverzweigten Freundeskreis, mit dem er eine Vielzahl von Projekten plant.

Was er achtet oder liebt:
Gérard Gelb schätzt Kompetenz und das systemische Betrachten von Zusammenhängen. Er legt Wert darauf, dass für jede Herausforderung die beste Lösung gefunden wird, unabhängig von Hierarchien und langjähriger Erfahrung. Persönliche Vernetzung und lebenslanges Lernen sind für ihn wichtige Faktoren, um in einer sich schnell verändernden Welt erfolgreich zu sein. Gérard Gelb schätzt auch die Möglichkeit, sich flexibel an neue Situationen anzupassen und von neuen Erfahrungen und Perspektiven zu profitieren.

Was er ächtet oder hasst:
Gérard Gelb lehnt starre Regeln und Hierarchien ab, da sie für ihn die individuelle Selbstbestimmung einschränken. Auch ein unflexibles Festhalten an veralteten Methoden oder Lösungen, die nicht mehr zeitgemäß sind, wird von Gérard Gelb schnell abgewertet. Eine fehlende Bereitschaft, komplexe Zusammenhänge zu verstehen und zu integrieren, wird von Gérard Gelb oft mit Irritation aufgenommen. Mehr und mehr entwickelt sich bei ihm aber Verständnis dafür, dass Menschen unterschiedlich sind, und er lernt, sie dennoch als gleichwertig zu akzeptieren.

Womit Mitarbeitende bei ihm rechnen können:
Mitarbeitende können bei Gérard Gelb damit rechnen, dass sie für ihre Kompetenz und ihr Wissen geschätzt werden, unabhängig von ihrem Alter oder ihrer Position im Unternehmen. Er wird seine Mitarbeitenden ermutigen, sich persönlich und beruflich weiterzuentwickeln, und unterstützt sie dabei, neue Perspektiven zu entdecken. Gérard Gelb ist stark vernetzt und offen für Kooperationen und Zusammenarbeit, auch über Unternehmensgrenzen hinweg. Mitarbeitende können bei Gérard Gelb also davon ausgehen, dass er diese Werte auch im Unternehmen fördern wird.

Wofür er manchmal gefürchtet wird:
Gérard Gelb kann als ungeduldig oder sprunghaft wahrgenommen werden, da er schnell auf neue Situationen reagieren will und oft mehrere Projekte gleichzeitig im Blick hat. Auch eine zu hohe Risikobereitschaft oder ein mangelndes Gespür für die Bedürfnisse anderer können dazu führen, dass Gérard Gelb Mitarbeitende zum Teil stark irritiert oder sogar Ängste verursacht. Menschen, die Sicherheit, Berechenbarkeit und Kontinuität suchen, dürften nur wenig Freude an seinen Angeboten haben.

Taylor Türkis

Taylor Türkis ist eine visionäre Führungskraft, die für ihre tief verwurzelten Werte und ihr Engagement für Nachhaltigkeit und Gemeinwohl bekannt ist. Als CEO eines aufstrebenden Technologieunternehmens hat sie einen Ruf für ihre Fähigkeit aufgebaut, innovative Ideen und pragmatische Lösungen zu kombinieren, um ihre Vision zu verwirklichen. Eigene Ideen und Bedürfnisse werden niemals in den Vordergrund gestellt, sie werden stets harmonisch mit dem Wohl der Umgebung abgewogen.

Was er/sie achtet oder liebt:
Taylor Türkis legt großen Wert auf langfristige Nachhaltigkeit und Gemeinwohl. Sie ist davon überzeugt, dass ihr Unternehmen eine treibende Kraft für positive Veränderungen in der Gesellschaft sein sollte. Dazu gehört auch eine hohe Verantwortung für das Wohlergehen der Mitarbeitenden und die Gesellschaft, in der das Unternehmen tätig ist. Taylor Türkis ist insgesamt sehr werteorientiert und legt großes Augenmerk auf Transparenz und Integrität in der Unternehmenskultur.

Was er/sie ächtet oder hasst:
Taylor Türkis ist gegen kurzfristiges Denken und egoistische Entscheidungen. Sie verurteilt autoritäre oder kontrollierende Führungskulturen und bevorzugt Vertrauen und Zusammenarbeit. Meditation ist ein wichtiger Teil des Lebens von Taylor Türkis als Balance zur intellektuellen Beschäftigung mit den Themen Komplexitätsmanagement, Ethik und Naturwissenschaften. Taylor Türkis ist gegen jede Form von Diskriminierung und setzt sich für die Förderung von Vielfalt und Inklusion ein.

Womit Mitarbeitende bei ihr rechnen können:
Die Mitarbeitenden von Taylor Türkis können davon ausgehen, dass sie gehört und ihre Ideen und Beiträge geschätzt werden. Taylor Türkis fördert eine offene und partizipative Kultur, in der alle Meinungen und Perspektiven gehört werden. Sie ist sehr engagiert in der persönlichen und beruflichen Entwicklung ihrer Mitarbeitenden und stellt sicher, dass sie die Unterstützung und Ressourcen erhalten, die sie benötigen, um gemeinsam voranzukommen. Taylor Türkis bedenkt Dinge auf lange Sicht – und überfordert dann manchmal Menschen, die für das Hier und Jetzt auch kurzfristige Lösungen brauchen.

Wofür sie manchmal gefürchtet wird:
Taylor Türkis wird manchmal als zu idealistisch oder unpraktisch erlebt, besonders wenn ihre Ideen und Visionen zu radikal oder herausfordernd für die Organisation sind. Manche erleben sie als zu tolerant oder zu wenig entscheidungsfreudig, da sie sich für partizipative Entscheidungsprozesse einsetzt und

alle Beteiligten gehört werden dürfen. Andere erleben ihren Einsatz für Nachhaltigkeit und Gemeinwohl als übertrieben und befürchten, dass dies auf der Profitabilität des Unternehmens lastet.

Um ein gemeinsames Verständnis von Führung zu gewinnen, hatte Martha ein Entwicklungsprogramm für Führungskräfte aufgesetzt. Freiwillig war die Teilnahme schon, aber letztlich waren sich alle darüber im Klaren, dass die neue Dynamik, ja das neue Selbstverständnis im Unternehmen, gemeinsame Schritte – gerade auch bei den Führungskräften – erforderten. Mit den Berliner Beratern wurde vereinbart, fünf Gruppen mit je zwölf Teilnehmenden auf die Spur zu schicken. Einige ältere Führungskräfte, die kurz vor der Rente standen, erklärten sich bereit, die dann jeweils abwesenden Kollegen und Kolleginnen an ihrem Platz zu vertreten, und nahmen nicht mehr an der Workshopreihe teil. Besonders erfreut waren die jungen Kolleginnen, die aus dem Talentpool in die bunt gemischten Gruppen hinzustießen. Neben den Inhalten und den praktischen Erfahrungen, die in diesen Workshops mit Freude aufgenommen wurden, gab es einen erstaunlichen Nebeneffekt: „Führung lernen bei Lenter", hieß die Reihe, aber „Verbinden, verbünden und vernetzen" wurde zum Claim, mit dem die Teilnehmenden bald nur noch über die Reihe sprachen. „Wann findet der nächste VVV-Workshop statt?", war eine der häufig zu hörenden Fragen unter den Führungskräften. Gemeinsam waren die Workshops bald der Anlass, in so ziemlich jedem Team nächste Schritte für ein erfolgreiches Miteinander in Angriff zu nehmen. Viel Erstaunen gab es durch die „Cocktailstruktur", also das Zusammentreffen der Vertreter unterschiedlicher Standorte und Hierarchieebenen: „Ihr habt DIESELBEN Themen wie wir? – Unglaublich – lasst uns das zusammen lösen – über die Grenzen von Abteilungen und Standorten hinaus!" Der Austausch über die Grenzen hinweg begeisterte so sehr, dass vereinbart wurde, zukünftig regelmäßig „Cocktailworkshops" auch für die Mitarbeiterebene zu veranstalten. Gehaltvolle Cocktails wurden selbstverständlich erst nach Ende des professionellen Teiles am Abend gereicht ...

Man steuert nicht mehr, sondern beeinflusst

Auch wenn es ungewohnt und vor allen Dingen anstrengend scheint: In einem Transformationsprozess dieser Art braucht es Dein Führungsverständnis neuer Art. Das Prinzip von Ursache und direkter Wirkung lässt sich in einem emergenten Prozess so nicht mehr halten. Der häufig noch gelebte Anspruch, alles zu überblicken, jede definierte Maßnahme zu kennen und den Fortschritt kontrollieren zu wollen, führt in Deinem Transformationsprozess in die persönliche Überlastung und stört den Prozess. Wenn Deine Mannschaft entzündet ist vom gestarteten Prozess, so ist es Deine Aufgabe zu unterstützen statt zu kontrollieren, also Vorbild zu sein statt Erwartungen zu äußern. Mit anderen Worten: Zeige Vertrauen und lasse los. Bitte verstehe diesen Paradigmenwechsel nicht als Aufforderung zur frei gewählten Hilflosigkeit, sondern als Einladung, Einfluss auf eine andere Art und Weise auszuüben.

Durch die bisherige Arbeit im Transformationsprozess sind die Beteiligten es gewohnt, eigenständig Verantwortung zu übernehmen. Wenn Du für Dich überprüfst, inwieweit die grundlegenden (auch und vor allem) wirtschaftlichen Interessen im Blick gehalten werden, kannst Du die Ressourcen der Mitarbeitenden hierfür verwenden. Wer einen Prozess zum Nutzen der Beteiligten startet und beim Start, also beim „Why?“, die Kerninteressen des Unternehmens einbringt, kann auf einen guten und nützlichen Prozess vertrauen.

Mit einem guten „Wozu?“ zu Anfang des Prozesses müssen wir nicht mehr kontrollieren und steuern, wir dürfen und können beeinflussen.

8. OFFENE FRAGEN UND PRAXISTIPPS FÜR DIE UMSETZUNG DES VALUEPARTY-PROZESSES FÜR MICH UND MEIN TEAM/UNTERNEHMEN

Wie die verschiedenen Meme zusammen- oder gegeneinander spielen

Starke Ausprägungen einzelner Wertesysteme in Organisationen, wie auch bei einzelnen Personen, führen uns leicht in Versuchung, mit Stereotypen, also mit klischeehaften Zuschreibungen, weiterzuarbeiten. Wichtig ist, nicht die Landkarte mit dem Gelände oder die Speisekarte mit dem tatsächlichen Menü zu verwechseln: Präferenzen oder Dominanzen einzelner Wertesysteme geben uns einen fundierten Hinweis darauf, welche Kraftfelder in Personen oder Organisationen bevorzugt wirken und zu beachten sind.

In der Praxis gibt es dennoch ein paar Besonderheiten und sogar regelhafte Kuriositäten, die sich gut aus der Stufenfolge der Graves'schen Systeme erklären lassen.

Zur Erinnerung: Die einzelnen Meme entwickeln sich im Idealfall in Stufen in aufsteigender Reihe, jeweils als Ablösung des unmittelbar Vorherigen. Mit dem Erreichen einer jeweiligen neuen Stufe werden die Schwächen der vorherigen Stufe auf einer „höheren" Ebene gelöst und überwunden. Kompetenzen und Qualitäten der jeweils davorliegenden Wertesysteme sind im besten Falle im jeweils jüngeren Wertesystem integriert. Dennoch sind folgende Besonderheiten häufig zu beobachten:

Rot trifft Grün

Wenn Roberto Rot (um die Personas zur Verdeutlichung zu benutzen) einer Gerda Grün mit ihren Besonderheiten begegnet, haben wir es mit dem Aufeinanderprallen von Stufe 2 (rot) mit Stufe 5 (grün) zu tun. Das ist schon für sich ein Aufeinandertreffen sehr unterschiedlicher Weltsichten. Erschwerend kommt hinzu, dass die Stufe 2 (rotes Mem) ein System ist, das aus dem Bereich der auf das Individuum fokussierten Meme stammt, während das grüne Meme (Stufe 2) ein Mem aus der Gruppe der auf das Kollektiv orientierten Meme darstellt. Das ist eine sehr große Spanne und eine erwartbar spannungsreiche Konstellation:

Diese Kombination ist (ohne Reflexion der eigenen Standpunkte) in etwa so explosiv wie das Treffen des russischen Außenministers Lawrow mit seiner deutschen Amtskollegin Baerbock beim G-20-Gipfel im Frühjahr 2023.

Die Weltsicht durch die „Brille der Roten" hat keine adäquaten Kategorien, keine passenden Angebote, um den Kern dessen, was eine Vertreterin aus dem grünen Wertesystem verkörpert, auch nur zu erkunden oder gar zu erkennen. „Rot sieht rot bei Grün."

Auf der anderen Seite sind Überzeugungen aus dem grünen Wertesystem oft so verfestigt, dass ein „Verstehen" der sich rot präsentierenden Gegenüber oft unmöglich ist. Schmallippig vorgetragene Belehrungen des Gegenübers feuern die Grundstrukturen des roten Mems nur an.

Blau trifft Grün

Eine schon viele Jahre mit dem Modell arbeitende Kollegin formulierte einmal: „Wenn Blau auf Grün trifft, sehen sie rot." In der Beschreibung dieses Farbenspiels steckt viel Wahrheit.

Bis zur Stufe Gelb gelingt es einzelnen Menschen und Systemen nur selten, ausgeglichen und wertschätzend einen Blick auf andere Wertesysteme zu werfen: Nach „aufwärts" gibt es entweder so etwas wie eine Blindheit – das Wesentliche der jüngeren Wertesysteme wird schlichtweg nicht erkannt – oder eine Erklärung erfolgt durch scheinbare Muster vermeintlich überwundener Wertesysteme. Vorschläge gemeinschaftlich meinender Menschen (aus dem grünen Mem), etwas „für Menschenrechte" tun zu wollen, erscheinen strukturkonservativen Menschen (blau) häufig als übergriffige Versuche, „Dominanz" (rot) über sie auszuüben. Blicke in Richtung von älteren, vermeintlich „überwundenen" Wertesystemen sind häufig geprägt von einer Haltung der empfundenen Überlegenheit.

Eine neue Perspektive: Gelb als neue Qualität des Blickes auf andere

Gelb stellt nach Beck/Cowan den Beginn eines neuen Zyklus dar, den sie den „Second Tier" nennen.

Mit der Stufe Gelb sind Systeme, und die Menschen darin, zum ersten Mal in der Lage, eine integrative und systemische Perspektive einzunehmen und die Komplexität unserer heutigen Welt angemessen zu bearbeiten. Erst wenn wir viele der Qualitäten des gelben Mems integriert haben, gelingt es uns leicht und entspannt, Muster und Werte älterer Wertesysteme als solche wahrzunehmen, ohne dabei eigene Maßstäbe anzulegen. Vermutlich entstand auch hier erst malig ein schärferer Blick „die Treppe hinauf“: Eine Perspektive auf das türkise Mem und eine erste Ahnung eines Wertesystems mit der Farbe „Korallen“ konnte wohl nur von Menschen entwickelt werden, die die Qualitäten des gelebten Wertesystems „Gelb“ stark in sich trugen. Für zeitgemäße Organisationsentwicklung ist die systemische Perspektive inzwischen kaum noch wegzudenken.

„Vorwärts immer – rückwärts nimmer“? Geht die Transformation nur in eine Richtung?

Abschließend noch einmal zur Klärung: Wie erläutert sind priorisierte Werte jeweils die beste zur Verfügung stehende Antwort auf aktuelle Anforderungen des Umfelds, also unserer jeweiligen Lebensumwelt. Für viele Menschen stellen Stufen eine Sehnsucht dar, sie emporzustürmen: eine Energie, die vermutlich stark unserer wettkampf- und leistungsorientierten Realität entspringt. Das ist ein Impuls, der deutlich aus den Energien des orangen Mems gespeist ist. Wenn wir die Grundidee von Graves, aber auch von Beck/Cowan und später von Todorovic ernst nehmen wollen, braucht es einen deutlich klärenden Hinweis: Viele Menschen, auch Organisationen und insbesondere Wirtschaftsunternehmen streben nach „Höherem“. In vielen Fällen wird das Graves'sche Stufenmodell als Aufforderung gelesen, die nächsthöhere Stufe zu erklimmen. Das mag löblich sein, wenn wir den jüngeren Wertesystemen (Grün, Gelb, Türkis, Korallen) einen moralisch höheren Wert zuschreiben.

Wenn wir aber – ganz im Sinne des gelben, integrativen Blickes – den Kontext, die Lebenssituation von Menschen, also das Umfeld von Systemen, ernst nehmen, ist diese Sichtweise nur selbstbezogen oder sogar blasiert: Ein Blick in das östliche Europa unter dem Eindruck russischen Bombenterrors dürfte uns klarmachen, dass Nachhaltigkeit und die Akzeptanz globaler Komplexität (beides türkis) unter Überlebensdruck und blanker Not nicht die erste Präferenz sind. Wertesysteme bieten Lösungen auf einer Ebene, die anhand des Umfelds jeweils passend und möglich sind.

Aber auch in weniger eindeutigen Situationen gilt es, die Entwicklungssituation einer Organisation in Hinblick auf die jeweiligen Anforderungen des Umfelds zu betrachten: Ein Mittelständler, der mit einem innovativen Produkt auf einem neuen Markt schnell gewachsen war, kann daran denken, einen

Schritt von Orange nach Grün zu tun. Ob es die passende Richtung ist, ist aber zu klären.

Inzwischen hatte sich in der gesamten Region herumgesprochen, dass das Miteinander und auch der Führungsstil bei Lenter sich deutlich zum Guten entwickelt hatten. Eines Abends saß Lina mit einem ehemaligen Kommilitonen zusammen. Martin Südekop, der mit seinem Unternehmen seit ein paar Jahren auch ein guter Kunde für Lenter war, hatte offenbar etwas auf dem Herzen. Schon im Studium war sein Motto immer gewesen „The sky is the limit". Mit seiner smarten Art hatte er – ganz mit dem Schwung eines Start-ups – schnellstens Vertriebspotenziale aufgebaut und in der Region das Geschäft mit Solaranlagen in den Griff bekommen. Wer Solar in der Region nutzte, kaufte bei SkySolar Solutions.

Bei seinem letzten Besuch bei Lenter hatte Martin nicht nur die neuen Produktreihen, sondern auch die neue und andere Atmosphäre wahrgenommen. Heute wollte er einen Rat von Lina. Martin atmete tief durch und öffnete dann Lina sein Herz: „Dein Vater wäre sehr stolz auf euch. Jahrelang haben wir beide unsere Unternehmen sehr erfolgreich geführt. Er war so etwas wie ein Mentor für mich. Wir waren uns einig: ‚Erfolg und Leistungsbereitschaft' sind der Treibstoff für gute Resultate im Markt. Ihr bei Lenter habt offenbar etwas Neues gefunden und seid damit schon sehr überzeugend. Wir bei SkySolar Solutions waren in den letzten Jahren so erfolgreich, dass ich uns schon als ‚erfolgsbesoffen' beschreiben würde. Aber der Erfolg hat uns so verändert, dass wir unsere ursprüngliche Energie verloren haben. Wir streiten uns nur noch und die Atmosphäre zwischen dem Vertrieb und den Monteuren ist so explosiv, dass mir angst und bange wird. Hast du eine Idee, was wir tun könnten? Sollten wir vielleicht auch diese Cocktailworkshops bei uns abfackeln, um wieder neues Feuer zu entfachen?" Lina dachte einen Moment nach, bevor sie antwortete: „Diese Workshops sind eine gute Sache. Aber sie funktionieren nur so gut, weil die Teams und auch die Einzelnen wissen, WOZU wir das machen. Und sie sind sicher, dass wir zusammen Lösungen entwickeln für Aufgaben und Probleme, die wir vorher gemeinsam entdeckt haben. Schildere mir doch erst einmal die Situation aus deiner Perspektive." „Nun gut, wenn du etwas Zeit hast", antwortete Martin. „Wir sind gleich mit den ersten Erfolgen enorm gewachsen, stürmten von Erfolg zu Erfolg. Die Atmosphäre war klasse und wir stellten fast monatlich mehrere neue Vertriebler ein – die Kunden rissen uns die Produkte aus den Händen und bestellten mehr, als wir liefern konnten. Unsere Vertriebler verdienten sich eine goldene Nase – die Provisionen zahlten wir umgehend und schon vor der Auslieferung. Ich weiß, das war ein Fehler, aber wir hielten uns für unschlagbar!" Lina atmete erst einmal durch: „Und wann genau wurde dir klar, dass es ein Problem gab?" „Nun, wer mehr verkauft, als er liefern kann, der gerät irgendwann unter gehörigen Druck. Und vor allem die Monteure auf den Baustellen waren vollständig bedient: monatelang Überstunden und Montage am Wochenende. Dazu unsere Jungverkäufer, die nichts Besseres zu tun hatten, als aus ihren nagelneuen Teslas heraus mehr Einsatz von den Monteuren zu fordern. Und das, wenn sie freitags gegen 14.00 Uhr das Wochenende mit dem Schampus einleiteten ... Dann kamen noch Lieferengpässe dazu: Das Lager, nach monatelanger Überlastung, hatte plötzlich gar nichts mehr zu tun. Als unser Vertriebsleiter dann in der Mitarbeiterversammlung von Effizienzsteigerung und Personaleinsparungen im Logistikbereich sprach, hatten wir richtig dicke Luft im Raum. Letzte Woche bei der Betriebsfeier fanden sich fast nur noch die Vertriebler ein. Da war uns in der Geschäftsleitung klar, dass wir ein dickes Problem haben." „Ich denke, ihr solltet mal unsere Berater aus Berlin einladen", antwortete Lina. „Die haben einen ganz spannenden Ansatz ... vielleicht wäre eine ValueParty auch für euch das Richtige. Martin antwortete: „Party ... das klingt doch schon einmal besser als Grübeln und Depression. Gib mir doch bitte mal deren Kontaktdaten ..."

Oft wird schon nach einigen Interviews mit Menschen aus verschiedenen Ebenen und Gewerken des Unternehmens deutlich, dass es im Unternehmen mehr zu klären gibt, als ein paar Verstimmungen wieder einzufangen oder ein Trainingsprogramm aufzusetzen. Um die relevanten Themen auf den Tisch zu bringen, empfehlen wir häufig, über den Prozess der ValueParty die gesamte Belegschaft wieder über Grundlegendes ins Gespräch zu bringen.

In diesem Fall ergab die Analyse der Situation mit unserer ValueParty-App schnell und klar, wo der Handlungsbedarf lag:

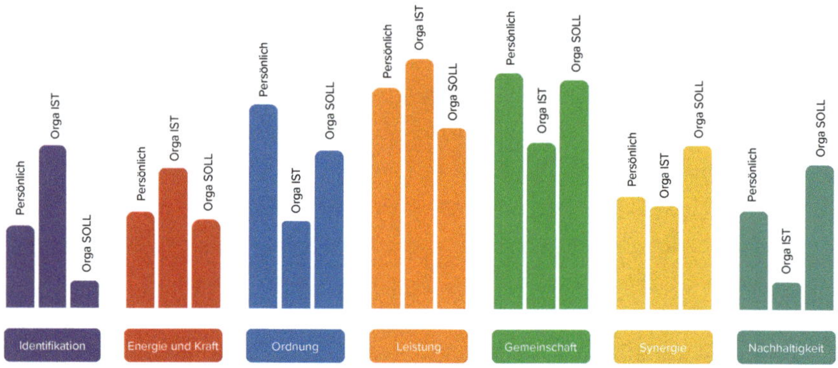

Abb. 26 : Das Werteprofil von SkySolar Solutions

Themen, die im Anschluss an die Profilanalyse mit den Mitarbeitenden herausgearbeitet wurden:

- In Teilen Irritation über die „paternalistischen" Vorgehensweisen eines der Gründer („Günstlingswirtschaft") – ein Peak im Mem Purpur
- Zu großen Teilen Irritation bis große Resignation wegen der „Dominanz" der Vertriebler gegenüber den Monteuren – ein Peak im Mem Rot
- Den mit Abstand deutlichsten Ausschlag aber gab es im blauen Mem:
    - Mangelhafte Planung (Finanzen, Ressourcen allgemein, Material im Speziellen)
    - Chaotische und willkürliche Bestimmung von Einsatzzeiten der Monteure
    - „Handgebackene Verwaltungspraxis"
    - Fehlende Angebote für Alterssicherung und Gesundheitsvorsorge im ganzen Unternehmen
    - Fehlende Regelungen für Arbeitszeiten und ungerechte Erteilung von Urlaubsbudgets

  Der Ausschlag war ein U, also ein extrem starker Mangel, bei den Werten „Gerechtigkeit", „Struktur" und „Ordnung".
- Im Wertesystem Orange, also im leistungsbezogenen Mem, war kein sehr auffälliger Ausschlag zu verzeichnen
- Der Mangel bei Grün, bei den Themen „Gemeinschaft" und Gleichwertigkeit", war auffällig, aber nicht im Entferntesten so deutlich wie der Mangel, der in Blau aufgefallen war

- Die Wertesysteme Gelb und Türkis waren so gering ausgeprägt, dass keine weitere Betrachtung notwendig war

Nach dieser Analyse war die Entwicklungsrichtung klar vorgegeben: „Basics first". Auf mehr Teamgeist und Zusammenhalt zu setzen, gibt oft ein Gefühl, das Richtige zu tun. Im gegebenen Falle unseres „nachhaltigen Mittelständlers" hieß es nun, Dinge anzugehen, die die Mängel (in Blau und in Rot) beseitigten, hier ein paar Beispiele:

- Coachings durch Fachberater für die Geschäftsführerebene in Richtung „professionelle Strukturen und zeitgemäße Organisation im Mittelstand" (blau)
- Feedbacksession für die Vertriebsprofis, bei denen sie in einen respektvollen Austausch mit den Monteuren kommen dürften (grün)
- Aufsetzen von professionellen Funktionen und Strukturen für die Verwaltung inklusive toolgestützter Einsatzplanung (blau)
- Einstellung einer hauptberuflichen Personalerin mit Schwerpunkt „Gesundheitsmanagement" (blau, grün)
- Überarbeiten der Incentivierungsregeln für ALLE, also Vertriebler und insbesondere die Monteure, deren Lohnstruktur völlig unpassend für die Marktbedingungen waren (blau, grün)
- Bei SkySolar Solutions ging die spätere Lösung sogar so weit, das Startup in eine Genossenschaft umzuwandeln, um Nachhaltigkeit nicht nur bei den Produkten, sondern auch für das Unternehmen sicherzustellen. „Enkeltauglichkeit" war neben „Leistung", „Innovation", „Nachhaltigkeit", „Gemeinschaft" und „strukturierte Prozesse" ganz neu in den Wertekanon aufgenommen worden

So wenig Freude uns das machen mag: Es ist möglich und manchmal notwendig, einen Entwicklungsschritt zu machen, der nicht einer idealen Entwicklung auf der „Wertetreppe aufwärts" entspricht. Das Motto „Basics first" gilt mit aller Schärfe: Wenn Themen aus älteren Wertesystemen nicht angemessen bearbeitet und bewältigt sind, ist die Bewegung in Richtung „höherer Werte" nicht angemessen und nicht leistbar. Eine Stufe zu überspringen, also auf einem bröckeligen Fundament weitere Etagen aufzustocken, wird kaum gelingen – zumindest nicht nachhaltig.

Des Weiteren ist es häufig so, dass geänderte Markt- und Umfeldbedingungen auf Defizite hinweisen: Mitbewerber mit günstigeren Preisen oder Stornierungen von Aufträgen sollten dann als Anstoß genommen werden zu prüfen, ob das bisherige Wertegerüst uns durch die neuen Anforderungen des Umfelds trägt. Graves' Weisheit ist hier unerbittlich: Werte sind jeweils die bestmögliche, uns zur Verfügung stehende Basis, um in unserem Umfeld zu bestehen; wo sie nicht mehr passen, werden sie sich ändern. Wir können es geschehen lassen oder aktiv das Thema „Werte" qualifiziert zur Diskussion stellen.

Wie gehen wir mit dem Thema „Gewinner & Verlierer" um?

Was sich Menschen in Prozessen der Veränderung fast immer fragen, ist das gute alte „Was ist für mich drin?" – und das zu Recht. Wer seinen Lebensunterhalt mit seiner Arbeit verdient, wer sein Herzblut in die Arbeit einfließen lässt, wer etwas erreicht hat, hat schließlich etwas zu verlieren. Mit der Default-Einstellung „Never move without something to gain" sollte gerechnet werden. Das Phänomen dahinter beschrieb Daniel Kahnemann schon in den 1960er-Jahren und dann noch mal in seinem Meisterwerk „Langsames Denken – Schnelles Denken" mit dem Begriff „Verlustaversion" – eine der offenbar anthropologischen Konstanten – speziell von Gesellschaften, die nicht von Solidarität und Sicherheit für alle Mitglieder geprägt sind. Und je mehr ich erreicht habe, je länger ich meine persönliche Sandburg im Unternehmen befestigt habe, desto größer schätzen viele das Risiko ein.

Von daher gilt es, vor einer Transformation klar die Prämissen, die Ethik und die Rahmenbedingungen des Wandels im Topmanagement zu klären: „Geben wir prinzipiell jeder Person eine Chance, einen Platz im neuen Umfeld zu erreichen? Wollen wir alle mitnehmen, die sich mit uns auf eine Reise mit nicht klar bestimmbarem Ziel aufmachen?" Wenn dem so ist, kommen anschließend Hinweise zu möglichen „Gewinnern" und „Verlierern". Wenn wir die Transformation nur benutzen wollen, um Menschen zu verabschieden, um „effizienter" zu werden, werden die Beteiligten zu Betroffenen. Und sie werden den „Braten riechen". Wir empfehlen in solchen Fällen dann einen „Change" (mit den notwendigen „Reparaturarbeiten") und keine Transformation mit starker Einbindung der Belegschaft im Vorhinein. Wer mit dem Stahlbesen kehren will, sollte nicht den Anschein einer „gemeinschaftlichen Transformation" erwecken wollen.

Aber gehen wir für das Weitere davon aus, wir wollen allen eine Chance geben, sich mit uns gemeinsam auf den Weg zu machen:

Gewinner:
Gewinner sind dann die, die offen für Veränderung sind, die mitgestalten, die mit Mut Chancen sehen. Auch aus diesem Grunde ist eine einladende und einbindende Kommunikation zu Beginn und während der Transformation erfolgsentscheidend: Je mehr Menschen mitgestalten dürfen und können, desto größer kann die Zahl der Gewinner letztendlich sein. Gewinner werden auch die sein, die ein hohes Maß an Anpassungsfähigkeit mit den neuen Bedingungen besitzen und die, deren Ausbildung und mentale Fähigkeiten gut in die neuen Prozesse, Strukturen und Umgangsformen passen. Auch wer absichtsvoll oder zufällig eine Fertigkeit, Wissen oder eine Kompetenz hat, auf die in Zukunft gesetzt wird, kann Gewinner sein.

Was aber heißt das für Menschen, die eher Stabilität brauchen, die in ihrem gewohnten Arbeitsmodus bleiben wollen oder auch nur können? Sind sie automatisch die Verlierer?

Verlierer:
Verlierer kann werden, wer keinen Platz, kein Betätigungsfeld mehr im neuen Umfeld findet. Wer sich selbst gegen jede Veränderung sperrt, wer Angebote zur persönlichen Entwicklung verweigert, kann sich als Verlierer fühlen und das dann auch tatsächlich werden. Angebote mitzugestalten sind hier ein notwendiger Teil des Prozesses. Eine Chance sollte jede Person erhalten.

Es können aber auch andere objektive Gründe in einer Transformation sichtbar werden, wenn Anforderungen und geforderte Leistung oder Fertigkeiten in der Gegenwart nicht mehr für die Zukunft passend sind: Auch das Sattlergewerbe hatte Anfang des 20. Jahrhunderts harte Zeiten …

Wo meine Fähigkeiten oder meine Fertigkeiten in bestimmten Technikbereichen keine Verwendung mehr finden, gilt es, Klarheit zu schaffen und Angebote zu platzieren: Mit rechtzeitig aufgesetzten Trainings und Schulungen können häufig neue Pfade angeboten werden. Zumeist ist es nur in wenigen Fällen aussichtslos, im Unternehmen einen neuen Platz zu finden.

Je nach Ethik und Selbstverständnis der Unternehmensführung, der Inhaberinnen gilt es dann, hierfür würdevolle Abschiedsprozesse zu gestalten. Schmerzlich sind sie häufig dennoch; angemessen respektvoll moderiert und durch Unterstützungsmaßnahmen abgefedert, können sie aber ein notwendiger Teil des Prozesses sein. Häufig ist es möglich, eine Umgestaltung mit Beteiligten so zu arrangieren, dass ein Großteil der Belegschaft aus dem Status der Betroffenen in den Status der Gestaltenden gebracht wird. Verantwortung des Transformationsteams ist es, hier frühzeitig ein Bündnis mit den Personalfunktionen der Organisation und ggf. mit den Betriebs- oder Personalräten zu schließen: Möglichkeiten zur persönlichen Weiterentwicklung und Support für Teams in Veränderungen gehören zu den festen Bestandteilen eines guten Transformationsprozesses. Hieran zu sparen, hat für gewöhnlich sehr ungute Folgen. Wer hier kraftvoll investiert, wird ernten; wer stattdessen im Nachhinein versucht zu „reparieren", also „Change-Begleitung" als Korrekturmaßnahme im Nachgang plant, wird ein Vielfaches zahlen, unter Umständen mit dem Gesamtvorhaben vollends scheitern.

Gemeinschaft kann nur entstehen, wenn Angebote gemacht werden, die auch eingehalten werden, wenn Fairness und Mitgestaltung tatsächlich Grundlage der eigenen Agenda sind.

Stehen für die Definition unserer Firmenwerte NUR die 112 Werte der ValueParty zur Verfügung?

Wer einen Blick auf die 112 „Wertekarten" wirft, wird zuerst einmal angetan sein von der Vielfalt der angebotenen Begriffe. Damit könnte es doch gut gelingen, für sich und gemeinsam mit anderen Klarheit darüber zu gewinnen, was uns wichtig ist, was unsere Werte sind.

Ganz konkret kommen Teilnehmende immer wieder mit folgenden Gedanken und Fragen auf uns zu: „Aber Moment mal, wenn ich über meine Werte nachdenke, fallen mir Familie, Freiheit, Frieden und Nächstenliebe ein … Diese Begriffe sind ja gar nicht enthalten in der Liste. Sind das denn keine Werte? Und muss ich mich dann in das Korsett dieses Modells einordnen, um meine Werte kennenzulernen?"

Die Antwort darauf ist: ganz im Gegenteil. Im Unterschied zu so großen und breitflächig auslegbaren Begriffen wie zum Beispiel Familie, Freiheit und Frieden bietet die ValueParty die Möglichkeit, den Kern, also eine genaue Bedeutung solcher Begriffe, zu erkunden. Es gibt bei diesen Begriffen keine richtige oder falsche Definition. Das Gegenteil ist die Wahrheit: Solche Begriffe verstehen wir als „Wortmarken", die im Alltagsgespräch oft mit unterschiedlichen, zum Teil sogar gegensätzlichen Bedeutungen aufgeladen sind. Nehmen wir zum Beispiel den Begriff der Freiheit: Wenn wir aus dem roten Mem heraus unser Verständnis von Freiheit benennen, geht es unter Umständen darum, dass der einzelne Mensch sich vom Gruppenzwang (purpur, grün) befreien will und allein und unbehindert eigene Interessen und Bedürfnisse mit Kraft durchsetzt. Für andere wiederum ist Freiheit verbunden damit, in Schutz und Sicherheit vor Unterdrückung und Dominanz anderer (rot) zu leben und sich mit anderen friedlich zu einer Gemeinschaft zusammenzuschließen (grün). Wieder andere verstehen darunter, sich frei und ungebunden entfalten zu können (gelb). Genau die Klärung „Was ist gemeint mit diesen großen Begriffen?“ liegt im Kern unser ValueParty. Die Begriffserklärungen, die unter den einzelnen Werten des Graves-Value-Systems von uns aufgeführt werden, sind unser Angebot, miteinander Klarheit zu erzielen, was sich hinter der Fassade so großer Begriffe verbirgt. Die einzelnen Wertekarten mit ihrer Operationalisierung geben uns eine Basis zur gemeinsamen Verständigung: Eine Karte heißt zum Beispiel: „Durchsetzungsvermögen“ (rot). Als Erläuterung steht unter dem Begriff: „Kompromisse sind schön und gut, doch manchmal müssen Widerstände konsequent und rigoros überwunden werden.“ Hiermit ist ein Bedeutungsumfeld beschrieben, das gegebenenfalls mit der Karte „Dominanz“ (ebenfalls rot) oder „persönlicher Erfolg“ (orange) tiefer ergänzt werden kann.

Die Wertesysteme helfen uns, das Umfeld eines Begriffs zu verstehen. Die einzelnen „Wertekarten“ mit ihren Ausformulierungen können als Bausteine der großen wertgeladenen Begriffe verstanden werden, die die tiefere Bedeutung in der jeweils speziellen Kombination aufklären. Unser Genom setzt sich aus den vier Basenpaaren Adeninen (A), Cytosin (C), Guanin (G) und Thymin (T) zusammen und ermöglicht so die Vielfalt unserer biologischen Welt. Mit unseren 112 Wertekarten zur Werteklärung sollte es uns gelingen, klar und differenziert zu benennen, was hinter den „Wortmarken“ für uns steht mit eben nicht 4, sondern 112 Bausteinen.

Das heißt konkret: Natürlich könnt Ihr auch andere Werte in Eurem Leitbild nutzen als die 112 von den Kärtchen. Jedoch raten wir dringend, Euch auf ein gemeinsames Verständnis des genutzten Wertes anhand Eures Werteprofils zu einigen.

Wenn Unterschiede als identitätsstiftende Demarkationslinien erlebt und verstanden werden, ist wirklicher Austausch, sind gemeinsame Aspirationen, Ziele und Perspektiven kaum zu erreichen.

Im Miteinander, auch in Organisationen, Verbänden und Unternehmen, wird viel Kraft und Energie verschwendet auf die Grabenkämpfe entlang der vielfältigen Demarkationslinien: Oft werden Ziel oder gar Visionen verkündet, deren Gehalt unterhalb der Gemeinplatzlinie kaum identifizierbar erscheint. Fundierte Wertearbeit ist Arbeit, ist Austausch, ist Diskussion und Diskurs. Im Unterschied zu den Positionskämpfen, die vielfach zu beobachten sind, wissen wir mit dem Prinzip der ValueParty, wovon wir sprechen:

Begriffe können gemeinsam mit Bedeutung versehen werden und aus emotionalen Ausrufen („Mehr Freiheit") wird die Basis für gemeinsame Klarheit.

Oftmals steckt hinter der Bitte oder Forderung nach zum Beispiel „mehr Freiheit" sehr Unterschiedliches: Ein Kollege beschwert sich über seine Vorgesetzte, sie würde ihm „alle Freiheiten beschneiden", außerdem wäre sie „respektlos" speziell ihm gegenüber. Sie hingegen fühlt sich angegriffen und in ihrer Autorität verletzt, wenn er viele ihrer Arbeitsaufträge hinterfragt und dann anscheinend nur mit Widerwillen und spät erledigt.

Praktische Hinweise:
An der Oberfläche könnte nun viel spekuliert werden und häufig finden auch Konflikte anhand dieser Begrifflichkeiten mit großer Intensität statt. Mit fundierter Wertearbeit kannst Du Folgendes klären:

- Kläre im ersten Schritt, WORUM es geht: Welche Bedürfnisse, welche Werte stehen hinter den großen Begriffen wie zum Beispiel „Freiheit" oder auch „Respekt"? Die Wertebegriffe aus dem Graves-Fundus bieten hier viel Unterstützung: Sorge durch das Benennen konkreter Situationen und Verhaltensbeschreibungen für Verständnis und entwickele Alternativen.
- Nach der Klärung ist ein sachlicher Austausch und sind lösungsorientierte Gespräche mit Interessenabgleich möglich und gelingen in vielen Fällen. Wahrhaftige Wertekonflikte sind seltener, als wir denken: Ein Großteil alltäglicher Reibungen stellt sich als einfach lösbar dar, wenn wir ein gemeinsames Vokabular und eine gemeinsame Sprache gewonnen haben. Wir können dann Positionen von Interessen und Bedürfnisse von Werten

unterscheiden. In seltenen Fällen stehen tatsächlich relevante Werte in Konkurrenz – wenn es hart auf hart kommt, sind es seltener die Werte, viel häufiger aber Interessen, die Reibungswärme entstehen lassen.

In den wenigen Fällen, wenn tatsächliche Wertekonflikte sichtbar sind:

- Es gibt grundsätzliche Werte wie die oben genannten. Bei Reibungen auf dieser Ebene solltest Du mit den Beteiligten klären, was jeweils genau mit den Begriffen gemeint ist: Liegt tatsächlich ein grundsätzlicher Wertekonflikt vor? Oder gibt es nur ein sehr unterschiedliches Verständnis der Werte? Im Speziellen sollte dann beschrieben werden, welche Verhaltensweisen im je eigenen Wertekosmos erwartet/gewünscht werden und welche Regeln auf Basis der Werte gemeinsam vereinbart sind oder werden können. Wenn hier eine Einigung möglich ist, haben uns die Erläuterungen der ValueParty vielleicht schon einen guten Dienst erwiesen. Wenn Begriffe wie „Respekt" und „Freiheit" auf gemeinsamen begrifflichen und ethischen Fundamenten stehen, ist ein Aufeinanderzugehen häufig gut möglich.
- Bei grundsätzlichen Konflikten auf der Werteebene ist im größeren Kreise zu klären, was akzeptabel und passend, was vereinbart ist und was unter Umständen aber nicht tolerierbar ist: Wenn von einer Partei „Freiheit" so verstanden wird, dass begründete Rechte, Interessen und Bedürfnisse verletzt werden, die für die andere Partei aber genau im Wertefundament verankert sind, müssen wir klären, was genau in der Organisation die Freiheitsgrade sind und wo diese enden. Heute noch als „Freiheitsrecht" zu reklamieren, in Gaststätten Zigaretten zu rauchen, erscheint kaum noch jemandem als Wertekonflikt. Bei anderen Themen wie Virusabwehr, Landesverteidigung oder Klimawende werden aber genau die großen Begriffe („Freiheit", „Selbstbestimmung", „Solidarität") von Akteuren genutzt, um die eigene Gefolgschaft hinter sich zu bringen. Ob hier tatsächliche Wertekonflikte vorliegen, lässt sich in den wechselseitigen Empörungsstürmen zumeist nicht mehr erkennen. Wer Werte klar benennen kann, kann auch eigene Bedürfnisse und Interessen benennen. Wer das möchte, kann sich durch das Graves-Value-System eingeladen fühlen, um Empörung abschwellen zu lassen.
- Wenn wir uns geeinigt haben, welche Freiheiten jeder Person zugestanden werden und welche Grenzen zu akzeptieren sind, sollte eine Klärung leicht möglich sein. Wer die Grundsätze bricht und die gemeinsamen Werte nicht

teilt, sollte sich in der Verantwortung sehen, ein neues Einvernehmen herzustellen oder die Organisation zu verlassen. Andernfalls gibt es keinen Platz für Menschen mit gegenläufigen Werten in einer Organisation, die sich gemeinschaftlich verpflichtet hat, bestimmte Werte zu leben und auch praktisch für diese einzustehen.

In diesem Kontext werden nun mehr als schemenhaft die Umrisse eines unsichtbaren Elefanten im Raum erkennbar: Macht, Herrschaft, Eigentum und persönliche Interessen. Wie frei sind wir, Werte in Organisationen, insbesondere in Wirtschaftsunternehmen in einer (sozialen) Marktwirtschaft, zu formulieren? Welche Rahmenbedingungen benötigen wir, um nicht nur „Wohlfühlformeln" im Dienst jedes beliebigen Vorhabens zu formulieren? Wir ziehen es vor, hier – gegen Ende dieses Textes – Bezug auf die Grundlagen des Miteinanders in Organisationen zu nehmen. Es wäre verbunden mit einer gewissen Eleganz, die vielen „rosa Schweinchen" und erst recht den „unsichtbaren Elefanten" im Raum unbehandelt zu lassen; allein, wer die Werte „Klarheit", „Aufrichtigkeit" und „Anstand" unter seinen Kernwerten trägt, muss hier auch mal weniger elegant erscheinen dürfen. Wie steht es mit den Themen „Macht", „Einfluss", „Besitz", wenn es um die Ergebnisoffenheit einer Transformation geht?

Verborgene Absichten, Zwänge, Grenzen, aber auch Möglichkeiten oder Chancen werden durch einen wertebasierten Transformationsprozess besprechbar. Vorhandene und begründete Interessen werden entweder sichtbar und transparent benannt oder aber zu einem Hindernis. Wir plädieren dafür, diese vor Beginn des Prozesses zu erkunden und explizit zu benennen. Es macht einen großen Unterschied, ob wir eine Transformation in einem eingetragenen Verein, einer Partei, einer börsennotierten Aktiengesellschaft oder einem Familienunternehmen mit Tradition beginnen. Feste und veränderbare Rahmenbedingungen sollten den Beteiligten klar und im Prozess benannt sein. Wer hier offen ist, eröffnet Gestaltungsräume, wer hier verdruckst Dinge verschweigen will, sollte keine wertebasierte Transformation beginnen.

Von „rosa Schweinchen" und „unsichtbaren Elefanten im Raum"

Aus der Sicht derer, die sich schon bisher in Verantwortung sahen

Verantwortungsträger in Organisationen, Führungskräfte lang bestehender Unternehmen und Leiter von Betriebsgruppen kennen die Überfälle von artig beschlipsten Beraterhorden, die ihnen den neuesten Dreh für das Ausschöpfen der letzten Effizienzreserven mit blumigen Worten verkaufen wollen: Erfahrene Profis bezeichnen dann deren Vorschläge als die „neueste Sau, die durchs Dorf getrieben wird". Nach Jahrzehnten, in denen es schon viele solcher Besuche gab, wird der nächste Hype dann häufig nur noch als eine weitere Episode im immer gleichen Stück gesehen.

In Zeiten, die wir oben mit dem Begriff VUCA beschrieben haben, in Zeiten massiver Beschleunigung und umwälzender Digitalisierung sowie Algorithmierung brauchen wir Entscheider, die auf Basis eines klaren Wertekompasses entscheiden können und dies auch tun: Wer gesamtgesellschaftliche Verwerfungen, absolut ungleiche Besteuerung von Arbeit und international flottierendem Kapital ignoriert, wer Gewinnmaximierung klar vor gesamtgesellschaftlicher Verantwortung positioniert, sollte die Finger von wertebasierter Transformation lassen: Die enormen Anforderungen, die wir als Verantwortliche an unsere Workforce haben, erfordern streng verstärkt partizipative Ansätze. In der von Wandel und Unsicherheit geprägten Gesamtlage brauchen wir die gemeinschaftlich erzeugte Intelligenz gesamter Systeme, gesamter Organisationen, um bestehen zu können und erfolgreich zu sein. Menschen, die ihre Arbeit nur verrichten, schaffen nur selten Werte. Wer nicht mit seinen Werten verbunden ist, schuftet nur; er oder sie wird kaum willens oder bereit sein, aktiver Teil eines großen und leistungsfähigen Ganzen zu sein.

Menschen haben Interessen, das ist Teil unserer biologischen, psychologischen und sozialen Basis. Interessen können harmonisch zueinanderstehen – sie können aber auch in radikalen Gegensätzen positioniert sein. Je nach Klarheit des Wertesystems kann dies sichtbar oder verdeckt, unvereinbar oder auch harmonisch balancierbar sein. An der Spitze einer Organisation sollten wir vor Beginn einer Transformation als Führende für uns klären, welche Freiheitsgrade wir lassen wollen und können, wo wir aber auch Grenzen setzen. Wer einen Werteprozess nur nutzt, um Bekanntes anders verkaufen zu können, wer seinen oder ihren Interessen nur ein moralisches Kleidchen verpassen will, sollte den Aufwand und den Invest sparen: Werteprozesse als partizipative Prozesse sind eine Kraftquelle für gemeinsames Vorankommen.

Zugegeben: Wir können am Startpunkt nicht wissen, wohin genau es geht.

In sozialen Systemen besteht nicht von sich aus eine Gleichheit von Kräften und Werkzeugen, seine Interessen zu platzieren oder sie gar durchzusetzen. Und schließlich gibt es starke Faktoren, die des Ausgleichs, der Balancierung bedürfen: Macht und Einfluss können durch Zufall, durch Erfahrung, durch Geschick oder schlicht durch Eigentum an Produktionsmitteln oder Wissensbeständen begründet sein. Dies zu Beginn eines Prozesses für sich klar zu haben, ist Grundbedingung für eine gelingende Transformation.

Wer die Dinge belassen will, wie sie sind, sollte sich an das oft von Konservativen vorgebrachte Sprichwort halten: „If it ain't broke, don't fix it." Mit gutem Grund, also mit einem starken „Warum und Wozu?", lohnt es sich, sich auf eine wertebasierte Transformation einzulassen. Wer seine Prämisse vorab klar äußert, setzt einen Rahmen, der als „Eintrittskarte" zu einer gemeinsamen Transformation verstanden werden kann. Der 62-jährige Inhaber eines mittelständischen Unternehmens der Maschinenbaubranche formulierte zum Beispiel: „Mit und in unserem Familienunternehmen möchte ich eine zukunftsfeste Company weiterentwickeln. Das Unternehmen ist die Grundlage einer familiären Tradition, die wir fortschreiben wollen: zum Wohle der Familie, der Belegschaft und mit Verantwortung für die Ressourcen unseres Planeten. Solidarität, respektvoller Umgang im Miteinander sind die Basis, die ich mit Ihnen im wertebasierten Transformationsprozess weiter entwickeln möchte, um eine gemeinsame gute Zukunft anzustreben."

Mit einer solchen Aussage ist ein Rahmen, ist eine Grundorientierung gegeben. Sie gibt Orientierung, eröffnet Freiheitsgrade und setzt Grenzen für eine Transformation. In einem nicht genossenschaftlichen Wirtschaftsunternehmen in unserem Wirtschaftssystem ist das eine mögliche Setzung: Wenn sie vor Beginn des Prozesses klar geäußert wird, können Teilnehmende sich überlegen mitzumachen oder für sich anderes zu entscheiden. Interessen, Macht und Einfluss werden hier benannt und Freiheitsgrade für die Ausgestaltung sind ausgewiesen. Wer sich so erklärt, kann auf Mitarbeitende hoffen, die mitgestalten und aus vollem Herzen mittun.

Aus der Sicht derer, die bisher nur „mitgearbeitet" haben

Oft fühlen sich Mitarbeitende nur als Werkzeug eines Betriebs, als Rädchen in einer Maschine. Die nachkommenden Generationen Y und Z können häufig nur wenig anfangen mit der Arbeitsethik der „Altvorderen", speziell der „Boomer-Generation". Fachkräfte- und allgemeiner Mitarbeitermangel geben heute veränderte Rahmenbedingungen vor: Schichtarbeit bei schlechter Bezahlung, geringer Gesundheitsschutz, respektloser Umgang miteinander, autoritäre Führung und fehlende Entwicklungsmöglichkeiten werden nur noch von

Menschen in großer Not akzeptiert. Wer sich dieser Situation bewusst wird, weiß auch, welcher Gestaltungsraum sich für Mitarbeitende auftut: Es ist Zeit mitzugestalten und eigene Interessen und den Nutzen für das Unternehmen enger zu verbinden. Und wo alte Zöpfe das Miteinander bestimmen, können Führungskräfte und Unternehmenseigentümer gerne ihr Brauchtum pflegen; allein, es gibt kaum eine Chance in der VUCA-Welt, mit diesen Rezepten attraktiv für gute Mitarbeitende zu bleiben.

Mitarbeitende haben also gerade jetzt Gelegenheit, eigene Werte, eigene Interessen klar und verständlich zu formulieren. Wenn dies geschieht, wird aus Mitarbeitenden eine starke Kraft; Mitgestaltende werden so eine bedeutsame Ressource, gemeinsam einen Weg durch die Wirren der VUCA-Welt zu finden.

Neue Perspektiven – wertebasiert

Die Reise dieses Buches geht nun ihrem Ende zu. Für unsere Leser und Leserinnen könnte nun aber ihre persönliche Reise beginnen: „Wagen wir es, sehen wir die Chancen, vielleicht die Notwendigkeit, uns auf eine Transformation einzulassen?“ Diese Frage könnte der Startpunkt sein.

Ohne Dringlichkeit bleiben viele dann im Ungefähren und warten ab, sich zu entscheiden. Wieder andere haben lange abgewartet und geben den panischen Familienvater, der am Vormittag des Heiligen Abends noch das wertschätzende Geschenk für die Herzallerliebste finden möchte.

Wir plädieren im Kern für vier Dinge, wenn Ihr den weiteren Weg für Eure Organisation selbst gestalten wollt: Klarsicht, Gelassenheit, Mut und Vertrauen:

Klarsicht:
Schaut hin, mit den passenden Methoden, wie es um Eure Organisation steht; worauf könnt Ihr bauen und wo braucht es dringend anderes und Neues – mit professionellen Methoden und scharfem Blick.

Gelassenheit:
Nutzt Eure persönlichen Stärken und die Energie Eurer Mannschaft, um sich gemeinsam auf neue Wege einzulassen: Wer das mit Gelassenheit tut, behält den klaren Blick und wagt, was zu tun ist.

Mut:
Manche Grenzen sind für uns unüberwindbar. Mit klarem innerem Kompass und im Vollbesitz unserer gemeinsamen Ressourcen stellen viele Grenzen sich nur als Hürden in Kniehöhe dar. Verbunden mit unseren Teams, einer klaren Mission, unseren Werten können wir vieles schaffen!

Vertrauen:
Vieles ist unsicher – eines ist sicher: Es werden Schwierigkeiten auftreten. Wir möchten Euch das Zutrauen geben, Euch ermutigen, die Reise zu beginnen, die die Zukunft zu EURER Zukunft zu macht. Wer Klarsicht, Gelassenheit, Mut und Vertrauen in Verbindung mit seinen eigenen Werten einsetzt, findet Lösungen und Menschen, mit denen diese auch umsetzbar sind.

Es hatte sich viel verändert in den letzten zwei Jahren. Lennard und Lina waren gereift in dieser Zeit des Wandels: Neue Akteure und Akteurinnen hatten Verantwortung übernommen, es gab ein völlig neues Verständnis von Führung, die Zusammenarbeit zwischen den Einzelnen, den Abteilungen und den Standorten sorgte für ein unglaublich produktives Miteinander. Die Vernetzung untereinander schien auszustrahlen, Unternehmen der beiden Regionen drängten auf eine festere Vernetzung der Produktentwicklungen und der Lieferketten. Die wirtschaftlichen Resultate waren schon jetzt beachtlich. Die beiden Geschwister trugen Verantwortung, aber diese Verantwortung war mehr und mehr die, Hindernisse aus dem Weg zu räumen und Wege zu bahnen, wo es noch an Orientierung fehlte. Führung wurde in den Teams und durch die Teams miteinander aktiv gelebt: Verantwortung wurde aufgabenbezogen und in Abstimmung mit den Teams ausgeübt, Hierarchien kamen nur in kritischen Situationen zum Tragen. Die gemeinsamen Werte dienten als Kompass der Orientierung und mit dem ausformulierten Leitbild und den klar definierten Verhaltenskriterien hatten alle Maßstäbe für die Bewertung eigenen Handelns. „Weißt du noch, wie erdrückend sich vor zwei Jahren die Last der Verantwortung anfühlte?", fragte Lennard seine Schwester. „Ja, ich erinnere mich daran. Und jetzt haben wir nicht nur unser Unternehmen neu auf die Spur gebracht, sondern für ein blühendes Netzwerk von kooperativen Unternehmen gesorgt. Aus Tschechien und Polen kommen fast täglich Anfragen, die Lieferketten und die Produktentwicklung zusammenzulegen, und die Teams organisieren sich weitgehend selbst ..." „Die Inflation scheint uns aber gerade sehr zu beuteln, unsere Mitarbeitenden sind finanziell gerade sehr knapp dran", wandte Lennard ein. „Nun, mein Lieber, ich habe da einen Gedanken", entgegnete Lina, „der dem ganzen Spiel eine neue Wendung gibt:

Unsere Ertragssituation für Lenter sieht gerade bestens aus. Die Tarifverträge entwickeln sich nur träge in Richtung dessen, was unsere Mitarbeitenden brauchen. Ich habe mich gefragt, wie wir zukünftig solide wirtschaften können, ohne bei einem Abschwung schlichtweg Mitarbeitende zu entlassen, wenn die Lohnsumme nicht komplett tragbar erscheinen sollte. Ich habe mir vor Kurzem Papas Finanzen noch einmal angeschaut: Er hatte einige Millionen in eine Stiftung transferiert und der Zweck war recht unspezifisch ‚Innovationsförderung Oberlausitz/Franken'. Ich möchte Menschen, die in unserem Netzwerk etwas beitragen, die Möglichkeit geben, Anteile an der Stiftung zu erwerben. Mit Anteilen der Gehälter und Löhne – zum Beispiel einem kleinen Teil der ohnehin geplanten Erhöhungen – könnten Mitarbeitende daran Anteile erwerben. Mit diesen Stiftungsgeldern fördern wir die Dinge, die absehbar und auch jetzt schon große Belastungen sind oder in Zukunft gefordert sein werden: Kindergärten mit sehr ordentlicher Ausstattung beitragsfrei, Schulspeisungen als selbstverständlicher Teil des Schulbesuchs, altersgerechtes Wohnen in genossenschaftlicher Struktur für die Stiftungsmitglieder ..." „Moment mal, Lina", hob Lennard an, „das scheint ein größerer Plan zu sein, der ein wenig mehr betrifft als nur Inflation und Löhne ..." „Da hast du recht. Wenn wir unsere Werte ‚Gemeinschaft, Innovation, Fairness, Erfolg und Nachhaltigkeit' ernst nehmen, dann sind gute Löhne selbstverständlich. Zum anderen gilt es, gemeinsam einen Rahmen zu schaffen, in dem gemeinschaftlich ein gutes Leben für möglichst viele auch langfristig gesichert ist. Seit einem halben Jahr schon zahle ich die Hälfte meines ‚Unternehmerlohns' in die Stiftung ein – und der erste kostenfreie Kinderladen in Bamberg startet nächste Woche." „Nun," sagte Lennard, „mir scheint, die Zukunft hat gerade erst begonnen; Martin rief gerade an und fragte, ob wir nicht bei SkySolar Solutions einsteigen wollen, er ist dabei, mit den Kollegen eine Genossenschaft zu gründen, und wollte sich damit bei uns bedanken ... Dinge scheinen sich zu wenden ..."

Ende der Geschichte und ein großer Anfang fürs wahre Leben.

Am Beginn dieses Buches luden wir Dich ein, mit uns gemeinsam einen Blick auf eigene Werte zu werfen, und auf das, was in Deiner Organisation an Werten schon da und was für die Zukunft zu entwickeln ist.

Zum Abschluss des Buches gilt es nun, Dich und Euch zu ermutigen: Wir möchten jeden und jede darin bestärken, sich zumindest Zeit dafür zu nehmen, sich gemeinsam mit den Liebsten darüber klar zu werden, was Euch bedeutsam, was Euch wichtig ist. Gesellschaften, Organisationen, Firmen und Familien, vielleicht auch einzelne Personen geben und genießen nur Freude, Inspiration und Wohlsein, wenn das Verhalten und der innere Kompass stimmig zueinanderstehen.

Werte helfen, den eigenen Kompass kennenzulernen und ihn gegebenenfalls neu auszurichten. Manchmal muss dafür viel analysiert und diskutiert werden. Manchmal finden wir aber einzelne Worte als Kern dessen, was unsere Werte sind. Wir beim berliner team haben für uns vieles als wertvoll, vieles als verzichtbar entdeckt in den vielen Gesprächen über unsere Werte. Für uns ergibt sich vieles allein aus einem Wort, zu dem es sich lohnt, ein gemeinsames Verständnis zu gewinnen:

Anstand

Für Menschen, die ein gemeinsames Verständnis ihres Kernwerts haben, ergibt sich das Weitere wie logisch daraus. Wir laden Euch ein, den von uns bereitgestellten Werkzeugkasten zu nutzen, um gemeinsam mit anderen zu entdecken, was ein erfülltes Leben ausmacht, was für Euch gute Zusammenarbeit bedeutet.

Werte verlieren damit den Charakter des willkürlich Benutzbaren, sie werden zur Stütze eines guten, friedlichen, freundlichen und nachhaltigen Miteinanders.

Feiert Eure eigene ValueParty und lasst andere an den Früchten teilhaben!

9. ABSCHLUSS DES BUCHES

Danksagung

Es gab verschiedene Augenblicke, in denen wir gezweifelt haben: Bekommen wir das Buch wirklich fertig? Verlieren wir uns vielleicht in Details, die für Euch Leser wenig Mehrwert bieten? Was immer wieder geholfen hat, war die Frage nach dem „Wozu“. Wozu schreiben wir dieses Buch?

Wir hoffen, wir haben Euch ermutigt, denn das war unsere Absicht. Ihr habt Impulse erhalten, neue Fragen in Eurem Kopf gewälzt und den Inhalt des Buches mit Eurer Realität abgleichen können, um zu neuen Ideen zu kommen. Hilfreich waren auch viele ermunternde Worte aus dem Freundes- und Bekanntenkreis, dafür möchten wir uns an dieser Stelle bedanken. Ein großer Dank geht auch unsere Kolleginnen und Kollegen, die immer wieder quergelesen und Feedback gegeben haben. Ihr Lieben seid großartig!

Nicht zuletzt geht auch der Dank an viele unserer Klienten. Mit ihrem Zutrauen in uns haben wir die Dinge entwickeln können, die wir schließlich als Beratungsmodell und Entwicklungsprozess für Organisationen hier als Zwischenstand vorstellen dürfen.

Und es sei am Schluss noch einmal erwähnt: Selbstverständlich haben wir mit dem Gedanken gespielt, zumindest Teile von einer künstlichen Intelligenz schreiben zu lassen. Wir haben diesem Gedanken doch konsequent widerstanden und darauf sind wir stolz.

Dein Feedback

Du möchtest mit uns in Kontakt zum Thema kommen oder bleiben? Dann findest Du hier die Möglichkeit, auf unserer „ValueParty“-Homepage Deine Rückmeldung zu hinterlassen: https://valueparty.de/kontakt/

10. ANHANG: DIE 112 WERTE DER VALUEPARTY

An einigen Stellen des Buches haben wir auf die 112 Karten verwiesen, die hinter der ValueParty stehen und als Grundlage für das Werteprofil dienen. Auf der Seite https://valueparty.de/die-112-werte-der-valueparty/ könnt Ihr Euch ein pdf mit allen 112 Karten herunterladen.
QR-Code zu den 112 Werten der ValueParty:

11. QUELLEN/ERGÄNZENDE LITERATUR

Alternative für Deutschland (AfD). (2022, 6. Mai). Beatrix von Storch: Der Rassismusmonitor – so lächerlich wie gefährlich. Abgerufen am 2. Februar 2023, von https://www.afd.de/beatrix-von-storch-der-rassismusmonitor-so-laecherlich-wie-gefaehrlich/

Bateson, G. (1981). Ökologie des Geistes: Anthropologische, psychologische, biologische und epistemologische Perspektiven. Frankfurt am Main: Suhrkamp.

Beck, D., & Cowan, C. (1996). Spiral Dynamics: Mastering Values, Leadership, and Change. Hoboken, NJ: Wiley-Blackwell.

Chauviere, K., Maritz, B., & van Halder, J. (2016, 17. November). The role of the transformation office. McKinsey & Company. Abgerufen von https://www.mckinsey.com/capabilities/rts/our-insights/the-role-of-the-transformation-office

Covey, S. R. (2005). Die 7 Wege zur Effektivität: Prinzipien für persönlichen und beruflichen Erfolg. Offenbach: Gabal.

Dilts, R. (1990). Changing belief systems with NLP. Cupertino, CA: Meta Publications; First Edition.

Drucker, P. (1959). Work and Tools. Technology and Culture, 1(1), 28. Baltimore, Maryland: Jones Hopkins University Press.

Europarat. (n. d.). Recht auf Gleichheit und Freiheit von Diskriminierung – Die Europäische Menschenrechtskonvention: Wie funktioniert sie? Wem nützt sie? Abgerufen von https://www.coe.int/de/web/impact-convention-human-rights/right-to-equality-and-freedom-from-discrimination

Fraktion DIE LINKE. im Bundestag. (n.d.). Rassismus. Abgerufen am 11. November 2023, von https://www.linksfraktion.de/themen/a-z/detailansicht/rassismus

Graves, C. W. (2005). The Never Ending Quest: Dr. Clare W. Graves Explores Human Nature: A Treatise on an emergent cyclical. Bearbeitet von C. C. Cowan & N. Todorovic. [Selbstverlag].

Graupe, S., & Bäuerle, L. (2022). Bildung in fragilen Zeiten: Die Spirale transformativen Lernens (Working Paper Serie, No. 70). Bernkastel-Kues: Cusanus Hochschule für Gesellschaftsgestaltung, Institut für Ökonomie und für Philosophie.

Kahneman, D., & Schmidt, T. (2012). Schnelles Denken, langsames Denken (7. Aufl.). München: Siedler.

Maslow, A. H. (1943). A theory of human motivation. Psychological Review, 50(4), 370-396.

Minuchin, S., Lee, W. Y., & Simon, G. M. (2006). Mastering Family Therapy: Journeys of Growth and Transformation (2nd ed.). Hoboken, NJ: Wiley.

Peyn, G. (2019). Komplexitätsmanagement – Modell/Stufen/FORMen. Abgerufen am 11.11.2023 von https://www.carl-auer.de/magazin/systemzeit/komplexitatsmanagement-modell-stufen-formen

Reckwitz, A. (2017). Gesellschaft der Singularitäten. Berlin: Suhrkamp.

Sinek, S. (2009). Start with why: How great leaders inspire everyone to take action. New York, NY: Portfolio/Penguin.

Snowden, D. J., & Boone, M. E. (2007). A Leader's Framework for Decision Making. Harvard Business Review. Abgerufen am 12.11.2023 von https://hbr.org/2007/11/a-leaders-framework-for-decision-making

Weber, M. (1934). Die protestantische Ethik und der Geist des Kapitalismus. Tübingen: Mohr.